Wolfgang Hars, geboren 1961 in Hamburg, studierte Marketingkommunikation und arbeitete in der Werbung verschiedener Verlage. Heute lebt er als freier Autor und Redakteur in Frankfurt und hat zahlreiche Bücher zum Thema Werbung veröffentlicht.

ro
ro
ro

Wolfgang Hars

Wer trinkt die wächserne Kaulquappe?

**Mythen, Märchen, Missgeschicke
aus der Welt der Werbung**

Originalausgabe
Veröffentlicht im Rowohlt Taschenbuch Verlag,
Reinbek bei Hamburg, März 2009
Copyright © by Rowohlt Verlag GmbH,
Reinbek bei Hamburg
Lektorat Bernd Gottwald
Umschlaggestaltung ZERO Werbeagentur, München
Satz aus der Proforma PostScript, InDesign,
bei Pinkuin Satz und Datentechnik, Berlin
Druck und Bindung CPI – Clausen & Bosse, Leck
Printed in Germany
ISBN 978 3 499 62446 9

Inhalt

Peinliche Autonamen

Mythen

Vorwort

Die Idee zu diesem Buch war eigentlich eine andere. Seit Jahrzehnten kursieren in den Medien und der Fachwelt unzählige bekannte oder weniger bekannte Geschichten über die peinlichen Flops der Werbebranche. So wurden Slogans, die Produkte auf dem heimischen Markt zu Verkaufsschlagern machten, anderswo zu Lachnummern. Und das ganz einfach nur deshalb, weil die hochbezahlten Kreativen es versäumt hatten, vorher einmal gründlich im Wörterbuch nachzuschlagen, welche Bedeutung der flotte Spruch denn in der fremden Sprache haben kann. Am Ende kam so eine ganz andere Botschaft heraus als eigentlich vom Verfasser geplant. Oder Erzählungen darüber, wie raffiniert eingefädelte Werbefeldzüge grandios gescheitert sind, weil durch widrige Umstände oder selbstfabrizierte Missgeschicke die Produkte statt zu Bestsellern zu Rohrkrepierern wurden.

Ein echter Klassiker, über den schon tausendfach berichtet wurde, ist etwa die Namenspanne von Coca-Cola in China. Als der Limofabrikant in den zwanziger Jahren des vergangenen Jahrhunderts seine Brause erstmals im Reich der Mitte verkaufen wollte, wurde «Coca-Cola» ins Chinesische mit «Kou-ke-kou-la» übersetzt. Das klingt auf den ersten Blick zwar durchaus passend, weil ähnlich wie das Original, war es aber nicht. «Kou-ke-kou-la» kann nämlich im Chinesischen je nach Dialekt entweder als «Kaulquappe beißt in Wachs», «Beiß in die wächserne Kaulquappe» oder auch «das mit Wachs gestopfte weibliche Pferd» verstanden werden. Der Name wurde in «Ko-kou-ko-le» geändert.

Nicht viel besser erging es Electrolux. Der Elektrogerätefabrikant hatte in den siebziger Jahren große Pläne und wollte den amerikanischen Staubsaugermarkt aufmischen. Dazu benutzte man den in England seit langem erfolgreichen Slogan «Nothing sucks like an Electrolux». Was man besser nicht getan hätte, denn das kleine Wörtchen «sucks» kann im Amerikanischen zwar sehr wohl wie im Englischen mit «saugen» übersetzt werden, ist aber auch ein weitverbreiteter Ausdruck für «schlecht» oder «besch...». Ein Slogan «Nichts ist so schlecht wie ein Electrolux» konnte deshalb auch keine amerikanische Hausfrau hinter dem Ofen hervorlocken. Die Kampagne wurde schnellstens wieder abgesetzt.

Legendär sind auch die unzähligen Namenspannen der Autoindustrie. Dass ein «Pajero» (von Mitsubishi) in Spanien ein «Wichser» ist, darüber lachte die halbe Welt. Nicht weniger amüsant ist die Geschichte um den Chevy Nova in Lateinamerika, wo ja bekanntlich in vielen Ländern Spanisch gesprochen wird. Die leicht veränderte Namensschreibweise «no va» bedeutet im Spanischen aber «geht nicht» oder «fährt nicht». Das Auto wurde umbenannt.

Einen interkulturellen Werbepatzer der Extraklasse leistete sich ein großer amerikanischer Waschmittelhersteller. Der schaltete in arabischen Ländern Anzeigen, wie sie in der Waschmittelbranche überall in der Welt üblich sind: Drei Bilder waren zu sehen: links ein Berg schmutziger Wäsche, in der Mitte eine Waschmaschine bei der Arbeit und rechts das Ergebnis des Waschvorgangs, porentief reine und strahlend weiße Wäsche. Was man übersehen hatte, war, dass Araber bekanntlich nicht wie wir von links nach rechts, sondern von rechts nach links lesen. Für sie sah es deshalb so aus, als sei die Wäsche hinterher schmutziger als vorher. Auch diese Kampagne floppte. Ein ähnliches Malheur unterlief dem Hersteller der Zahnpasta Pepsodent in Südostasien. Nicht nur, dass der Slogan «You'll wonder where the yellow went / when you brush your teeth with Pepsodent!» von vielen Asiaten als rassistische Verunglimpfung gesehen wurde. Dumm war auch, dass schwarze Zähne in

Südostasien in dieser Zeit noch ein weitverbreitetes Schönheitsideal waren.

Also, wir sind wieder am Anfang und bei der ursprünglichen Idee, es wäre doch eine schöne Sache, all diese großen und kleinen Missgeschicke der Werbemacher einmal in einem Buch zusammenzustellen. Gesagt, getan und frisch ans Werk. Bis ein Problem auftauchte. Bei der Recherche stellte sich nämlich sehr schnell heraus, dass ein Großteil dieser Geschichten, die selbst in Lehrbüchern kommenden Generationen von Werbestrategen immer wieder gerne als mahnende Beispiele mit auf den Weg ins Leben gegeben werden, entweder überhaupt nicht oder nur begrenzt stimmen. Die Namenspanne um den Mitsubishi Pajero etwa gab es zwar wirklich, und sie wird auch größtenteils richtig zitiert. Wenn sie auch ein klein wenig anders ablief als immer berichtet. Dafür ist die Story, dass Chrysler den Chevy Nova in Lateinamerika umbenennen musste, einfach nur frei erfunden und hat sich nie so zugetragen. Andere Geschichten haben einen wahren Kern, und der Rest wurde später hinzugedichtet. So gab es die Übersetzung «Beiß in die wächserne Kaulquappe» für Coca-Cola in China wirklich, sie unterlief aber niemals Coca-Cola. Vollkommen ins Reich der Werbemärchen gehören dagegen die Anekdoten um den Electrolux-Slogan, die falsch herum geschaltete Waschmittelanzeige in Arabien oder die schwarzen Zähne in Südostasien.

Was also tun? Mein Ehrgeiz war jedenfalls geweckt, und so beschloss ich, den Legendendschungel der Werbung einmal gründlich zu durchforsten und all die Mythen, Märchen und Missgeschicke auf ihren Wahrheitsgehalt hin zu überprüfen. Das Ergebnis dieser Recherchen findet sich auf den folgenden Seiten. Dort werden Fragen beantwortet wie, ob wirklich nur zwei Menschen auf der Welt die geheime Coca-Cola-Formel kennen, wie der Konzern seit hundert Jahren behauptet. Oder ob die harte Männerzigarette Marlboro anfangs wirklich eine «leichte Damenzigarette» war. Und was es eigentlich mit dem nackten Mann auf sich hat, der angeblich auf allen Camel-Schachteln versteckt sein soll.

Reichlich obskur, aber nichtsdestotrotz oft für bare Münze genommen wurde die besondere Verkaufstechnik der Ritz Cracker. Der Erfolg des Gebäcks soll nämlich daher kommen, dass die Löcher auf den Keksen so angeordnet sind, dass sie auf jeder Seite zwölfmal das Wort «Sex» ergeben. Und was ist dran an dem berühmten Versuch aus den USA, in dem in einen Kinofilm unbewusste Werbebotschaften eingeschleust wurden, die den Cola- und Popcorn-Umsatz vervielfachten? Eher kurios, aber dafür garantiert richtig war dagegen, dass der ehemalige Landwirtschaftsminister Josef Ertl in den siebziger Jahren in Kanada Werbung für Potenz mittelchen gemacht hat. Wenn auch unfreiwillig, wie fairerweise angefügt werden muss.

All diese Geschichten und viele mehr sind in diesem Buch versammelt und werden nach bestem Wissen und Gewissen überprüft.

Übersetzungsfehler

Coca-Cola und die wächserne Kaulquappe

Legende: Als Coca-Cola das erste Mal in China verkauft wurde, klang die Übersetzung für die Chinesen wie «Beiß in die wächserne Kaulquappe»

Die schönsten Werbepannen sind ja die, wenn Firmen versuchen, ihre Namen oder Slogans in fremde Sprachen zu übersetzen, und dabei dann etwas ganz anderes herauskommt als eigentlich gedacht. Der Klassiker unter den Übersetzungsfehlern ist das Malheur von Coca-Cola, als der Limofabrikant erstmals versuchte, den Chinesen seine Brause zu verkaufen.

Das war 1927 und ging der Legende nach gründlich in die Hose. Denn erst nachdem bereits Tausende von Etiketten gedruckt waren, kam man dahinter, dass die phonetische Übersetzung «Kou-ke-kou-la» im Chinesischen je nach Dialekt entweder wie «Kaulquappe beißt in Wachs», «Beiß in die wächserne Kaulquappe» oder auch als «das mit Wachs gestopfte weibliche Pferd» verstanden werden kann. Tief zerknirscht ließ Coca-Cola danach Tausende von Namen testen, bis mit «Ko-kou-ko-le» ein Äquivalent gefunden

wurde, das immer noch nach Coca-Cola klang, aber bedeutend unverfänglicher so viel heißt wie «Happiness in the mouth» und unbestritten passender ist für ein Erfrischungsgetränk.

So oder so ähnlich wird die Geschichte in Business-Schools rund um den Globus gelehrt und steht in Tausenden von Büchern und Zeitungsartikeln. Ganz so ist es damals aber nicht abgelaufen. Richtig ist zwar, dass es den peinlichen Übersetzungsfehler wirklich gab. Aber er unterlief nicht wie immer behauptet Coca-Cola.

Um die Sache aufzuklären, ein wenig Theorie vorweg: Firmen aus Europa oder den USA verwenden im Reich der Mitte in der Regel phonetische Übersetzungen. Dazu wird der Originalname in passende Silben zerlegt – bei Coca-Cola also folglich in «Co-ca-co-la». Dann wird für jede Silbe nach einem ähnlich klingenden Schriftzeichen gesucht, und die sich daraus ergebende Kombination soll sich im Idealfall möglichst klangtreu wie der ursprüngliche Name anhören.

Das erscheint nicht weiter kompliziert, ist es aber. Jedes der geschätzten 40 000 chinesischen Schriftzeichen (andere Quellen sprechen sogar von 50 000) kann nämlich die unterschiedlichsten Bedeutungen haben. Und da die zu allem Überfluss auch noch von Dialekt zu Dialekt schwanken, führt dies manchmal zu den abenteuerlichsten Kombinationen. Die zweite Silbe «kou» in «Ko-kou-ko-le» etwa kann – je nach Dialekt – unter anderem mit dem Mund, aber auch mit einem Loch, dem Hafen, einer Umleitung, dem Reisepass oder einem Abspiel im Fußball übersetzt werden. Außerdem fehlen im Chinesischen die Wortendungen auf Konsonanten, wie sie im Deutschen oder Englischen üblich sind. Deshalb können die Originalnamen immer nur andeutungsweise nachgebildet werden, und wohlklingende Kunstnamen, wie sie sich die Werber hierzulande gerne ausdenken, sind im Chinesischen nicht möglich.

Auch bei Coca-Cola lief die Namensfindung nicht ohne Komplikationen ab. Von den wie gesagt 40 000 möglichen kamen nur ungefähr 200 Schriftzeichen in Frage, um ein Wort ähnlich wie Coca-Cola zu formen, und die naheliegendste Kombination war «Kou-ke-kou-la». Das Schriftzeichen «la» steht jedoch im Chinesischen neben einigen anderen Bedeutungen auch für «Wachs» und musste deshalb vermieden werden. Stattdessen wurde das Zeichen für «leˆ» gewählt, welches so viel heißt wie «Freude» oder «glücklich sein» und wie «ler» ausgesprochen wird. Coca-Cola nennt sich daher im Chinesischen offiziell «K'o-k'ou-k'o-leˆ».

可 k'o = etwas erlauben, in der Lage sein, dürfen, können
口 k'ou = der Mund, das Loch, der Pass, der Hafen
可 k'o = wie oben
樂 leˆ = jemanden erfreuen, lachen, glücklich sein

So viel zur kleinen Chinesisch-Kunde, und jetzt zu der Geschichte mit der wächsernen Kaulquappe. Die Legende geht zurück auf einen Artikel in der Hauszeitschrift «Coca-Cola Overseas» von 1957, in welchem der Firmenanwalt H. F. Allman die Schwierigkeiten mit der Namensfindung schilderte und der wohl der einzige überlieferte Bericht eines direkt Beteiligten aus jener Zeit ist.

Allman schrieb, dass man sich der Problematik des Schriftzeichens «la» und dessen absurder Bedeutungen durchaus bewusst war und deshalb von Schriftkundigen alle möglichen Kombinationen durchspielen ließ, um positiv besetzte Zeichen zu finden. Einigen kleineren, lokalen Ladenbesitzern ging das aber nicht schnell genug, und schon vor der offiziellen Taufe durch Coca-Cola fabrizierten sie in Heimarbeit eigene Werbeschilder, auf denen teilweise die absurdesten Namen standen. Hauptsache, sie hörten sich irgendwie nach Coca-Cola an. Das Schriftzeichen «la» für Wachs kam in fast all diesen Wortschöpfungen vor, wodurch bizarre Kreuzungen entstanden wie «weibliches Pferd, befestigt mit Wachs» oder eben «Beiß in die wächserne Kaulquappe». Später wurde dann

das Missgeschick einfach Coca-Cola angedichtet.

Und da die wenigsten Chinesen in jener Zeit besonders schriftkundig waren, erscheint diese Schilderung durchaus glaubhaft. Noch einleuchtender ist aber eine andere Version. Für «beißen» gibt es im Chinesischen kein Schriftzeichen, das ähnlich wie Coca-Cola klingt, und ein Chinese hätte «ken» verwendet, was so viel wie «nagen» bedeutet, und ein naheliegender Schriftzug wäre deshalb «Kou-ken-dou-la» (Mund, nagen, Kaulquappe, Wachs) gewesen.

Die Namenspanne geht deshalb wahrscheinlich auch nicht (oder nicht nur) auf chinesische Händler zurück. In Asien galt Coca-Cola immer als ein Luxusgetränk, das meistens dann serviert wurde, wenn Gäste kamen. In den zwanziger Jahren existierte aber in China so etwas wie eine Mittelschicht nicht, und leisten konnten sich die Brause nur reiche Chinesen oder Einwanderer aus dem Westen. Und wahrscheinlich klaubten einige Amerikaner, die nicht viel von der chinesischen Sprache verstanden, einige passende oder unpassende Schriftzeichen zusammen, das Resultat waren dann Kombinationen wie «Kou-ken-dou-la». Oder sie heuerten einen Übersetzer an, und bekanntlich lieben die Chinesen es ja, die ungeliebten Eindringlinge ohne deren Wissen lächerlich zu machen und deshalb die Übersetzung so bizarr wie möglich zu gestalten.

Sicher ist jedenfalls, dass Coca-Cola selbst all diese Schreibweisen nie verwendete und sich den Schriftzug «Ko-kou-ko-le» 1928 als chinesisches Warenzeichen eintragen ließ und seitdem auch nie geändert hat. Und die meisten Chinesisch-Experten loben übereinstimmend sogar, dass die Übersetzung äußerst raffiniert gewählt ist. Die Silbenstrukturformel des Originals und der Übersetzung sind nahezu identisch und beinahe alle Laute stimmen miteinander überein.

Status: FALSCH

Nichts saugt so schlecht wie ein Electrolux

Legende: Electrolux übernahm den englischen Slogan «Nothing sucks like an Electrolux» für den US-Markt. Dort bedeutet der Spruch jedoch «Nichts ist so schlecht wie ein Electrolux»

Auf einem Spitzenplatz unter den gesammelten Werbepeinlichkeiten findet sich auch immer Electrolux. Und die Geschichte hätte diese Auszeichnung zweifellos auch verdient, wenn sie denn so passiert wäre.

Aber erst einmal zu der Version, die seit Jahren in der Branche zum Besten gegeben und regelmäßig in der einschlägigen Fachpresse zitiert wird. Danach ist das kleine Wörtchen «sucks» dem Elektrogerätehersteller in den USA zum Verhängnis geworden. Als die Schweden in den siebziger Jahren den ambitionierten Plan fassten, den amerikanischen Staubsaugermarkt aufzumischen, nutzten sie dafür angeblich den in Großbritannien in vielen Reklameschlachten erprobten Slogan «Nothing sucks like an Electrolux»

(zu Deutsch: Nichts saugt wie ein Electrolux).

Was keine gute Idee gewesen sein soll, weil die Vokabel «sucks» im Amerikanischen doppeldeutig ist: Zum einen kann das Wort ebenso wie im Englischen mit «saugen» übersetzt werden, umgangssprachlich wird es aber meistens eher herabsetzend mit der Bedeutung «schlecht» oder schlimmer noch vulgär mit «beschissen» verwendet. Die Werbebotschaft klang deshalb für die verdutzten Amerikaner wie «Nichts ist so schlecht wie ein Electrolux», und es kam, wie es kommen musste: Die Kampagne war nicht besonders erfolgreich, und Electrolux engagiert seitdem eine ortsansässige Agentur für ihre Übersetzungen.

Eine schöne Geschichte, die allerdings einer näheren Überprüfung nicht standhält. Die besagte Kampagne hat es in den USA nämlich nie gegeben, und wie so viele amüsante Histörchen aus der Werbewelt hat die ganze Angelegenheit zwar einen wahren Kern, ansonsten ist aber nichts dran. Der blamable Werbefeldzug bestand nur aus einem einzigen Plakat, und das hing auch nie an einer amerikanischen Hauswand. Im Endeffekt handelte sich alles nur um einen PR-Gag von Electrolux, der, wie man neidlos eingestehen muss, sehr gelungen ist.

Also, was ist damals wirklich geschehen? Was es gab, war ein Plakat, das den Schiefen Turm von Pisa zeigt nebst einigen Staubsaugern der 2000er-Serie von Electrolux, darüber prangt in großen Lettern «Nothing sucks like an Electrolux». Womit wahrscheinlich angedeutet werden sollte, wie ein Electrolux selbst unter schwierigsten Bedingungen seinen Mann steht. Der Anschlag stammt aber nicht wie immer kolportiert aus den siebziger Jahren, sondern wurde Mitte der neunziger Jahre entworfen und war auch nie Teil einer Werbekampagne. Electrolux nahm damals an einem Kreativ-Wettbewerb teil, das Plakat war der Beitrag, und man konnte sogar einen Preis einheimsen.

Entworfen wurde es von der Agentur Cogent Elliot. Die hat ihren Sitz in London, ist also des Englischen mächtig, und auch die Doppeldeutigkeit war beabsichtigt. Ein Wortspiel, wie ein Pressesprecher von Electrolux 1996 bestätigte, um ein bisschen Aufmerksamkeit zu erzielen. Was ja auch gelungen ist. Und dafür hatte man sich eines alten Werbespruchs aus den sechziger Jahren bedient, der in England schon seit Jahrzehnten nicht mehr in Gebrauch war. Das war schon die ganze Geschichte. Eine Kampagne in den USA hat es nie gegeben und war auch nie geplant.

Der Füller, der nicht schwängert

Status: WAHR

Legende: Der Werbespruch «Er wird nicht in Ihre Tasche tropfen und Sie blamieren» für einen Füller von Parker Pen klang im Spanischen wie «Er wird nicht in Ihre Tasche tropfen und Sie schwängern»

Parker Pen gibt es seit 1888, und die Firma gilt als der Erfinder des Feder-Pfeilclips bei Kugelschreibern und Füllfederhaltern. Ein Verkaufsschlager ist etwa der berühmte Kugelschreiber «Jotter», der seit 1954 über 800 Millionen Mal abgesetzt wurde. Und auch im Jahr 1935 hatte Parker Pen ein wirklich innovatives Produkt entwickelt, den ersten auslaufsicheren Füllfederhalter. Geschäftsleute trugen in diesen Jahren meistens Anzüge und weiße Hemden, in deren Brusttasche ein Füller steckte, den man dem Kunden nach einem hoffentlich erfolgreich getätigten Verkaufsgespräch hinüberreichen konnte. Was oft Probleme mit sich brachte: Immer wieder kam es vor, dass das biestige Ding auslief und das schöne Oberhemd am Abend voller Tintenflecken war. Bei dem neuen Modell bestand diese Gefahr nicht mehr, und der Werbeslogan, der den Produktvorteil auf den Punkt brachte, lautete im Amerikanischen «Avoid embarrassment, use Parker Pens». Also zu Deutsch in etwa «Vermeide peinliche Situationen, benutze Parker-Füller». Das Motto kam bestens an, und der Füller verkaufte sich wie warme Semmeln.

Wortwörtlich in die Hose ging jedoch der Versuch, den Reklamespruch für den mexikanischen Markt ins Spanische zu übersetzen. Sinngemäß wollte man der Kundschaft mitteilen «Er wird nicht in Ihre Tasche tropfen und Sie blamieren» («It won't stain your pocket and embarrass you»). Die spanische Übersetzung lautete «No manchará tu bolsillo, ni te embarazará». Das Wort «embarazar» kann im Spanischen neben «blamieren» aber ebenso gut «jemanden schwängern» bedeuten. Also verstanden einige arglose Menschen den Slogan doch glatt wie «Er wird nicht in deine Tasche tropfen und dich schwängern».

Nach Auskunft von Fachleuten ist im Spanischen das Wortspiel ein derart gebräuchlicher Anfängerfehler, dass ihn jeder Student im ersten Semester lernt und daher die unglückliche Übersetzung jedem halbwegs professionellen Übersetzer sofort aufgefallen wäre. Den hatte Parker Pen aber ganz offensichtlich nicht, denn die Anzeigen gab es, und das Ganze war eine ziemlich blamable Angelegenheit für das Unternehmen.

Echte Männer kriegen jedes Huhn rum

Legende: Der Hühnchenbrater Frank Perdue hat den Slogan «Es braucht einen starken Mann, um ein zartes Huhn zuzubereiten» in Mexiko mit «Es braucht einen harten Mann, um ein Huhn verliebt zu machen» übersetzt

Was in Deutschland Friedrich Jahn und der Wienerwald waren, waren in den Vereinigten Staaten Frank Perdue und seine «Perdue Farms». Der im März 2005 verstorbene Perdue war auf dem ganzen Kontinent für seine leckeren Grill- und Backhähnchen berühmt, und von 1971 bis Mitte der neunziger Jahre war Perdue eine der am häufigsten gesehenen Personen im US-Fernsehen überhaupt. In über 200 Werbespots pries er immer wieder die Qualität seiner knusprigen Glucken an, die Filmchen endeten alle mit dem ironisch gemeinten Spruch: «It takes a tough man to make a tender chicken» (sinngemäß: «Es gehört ein harter Mann dazu, um ein zartes Huhn zuzubereiten»). Im Laufe der Jahre wurde so aus einem kleinen Familienbetrieb einer der größten Geflügelhändler der USA mit mehr als 20 000 Angestellten und einem Umsatz von 2,8 Milliarden Dollar im Jahr 2004.

Nur als Perdue seinen Absatzmarkt auf das benachbarte Mexiko ausdehnen wollte, kam es der Legende nach zu einer fiesen Übersetzungspanne. In allen großen Tageszeitungen Mexikos erschienen Anzeigen, in denen Perdue persönlich mit einem seiner Hühner auf dem Arm abgelichtet war. Der wörtlich übernommene US-Slogan klang jedoch für die Mexikaner wie «Es braucht

einen harten Mann, um ein Huhn verliebt zu machen». Da gackerten selbst die Hühner.

So wird es berichtet, aber was ist an der Geschichte dran? Benutzt wurde das spanische Wort «tierno», und das kann ebenso wie das amerikanische «tender» sowohl mit «weich» oder «zart» als auch mit «zärtlich» oder «liebevoll» übersetzt werden. Die Übersetzungspanne gab es also, aber wahrscheinlich war sie auch gewollt, weil man bei Perdue dachte, das wäre witzig und die Mexikaner würden die Ironie verstehen, die in den USA der Schlüssel zum Erfolg war. Taten sie aber nicht, wie hämische Kommentare in den Zeitungen belegen. Ein Mexikaner hat eben nicht den gleichen Humor wie ein US-Amerikaner, und manch einer soll sich gefragt haben, was daran witzig sein soll, wenn ein älterer Herr junge Hühner scharf machen will.

Status: FALSCH

Pepsi lässt Tote auferstehen

Legende: Der Pepsi-Slogan «Come Alive With The Pepsi Generation» klang für die Chinesen wie «Pepsi lässt Ihre Vorfahren von den Toten auferstehen»

Pepsi führt in China den schönen Namen «Bai-shi-ke-le», was so viel meint wie «100 Gründe, glücklich zu sein», auch kurz «Baishi». Noch schöner soll der Übersetzungspatzer gewesen sein, den sich Pepsi in Taiwan geleistet haben soll: Der Slogan «Come Alive With The Pepsi Generation» wurde zu wörtlich übersetzt, sodass er im dortigen Dialekt klang wie «Pepsi lässt Ihre Vorfahren von den Toten auferstehen».

Pepsi hatte jahrzehntelang das Problem, einzig als billige Alternative zu Cola-Cola zu gelten, und auch die Werbung zielte nur darauf ab, dass die Flaschen doppelt so viel Inhalt für den gleichen Preis boten. Von 1939 bis Anfang der 50er Jahre etwa warb der Brausefabrikant mit dem Slogan «Twice As Much For A Nickel, Too»:

«Pepsi Cola hits the spot.
Twelve full ounces, that's a lot.
Twice as much for a nickel, too.
Pepsi Cola is the drink for you.»

Das hörte sich zwar nett an, den Marktanteilen half der hübsche Vers aber nicht auf die Beine.

Das sollte sich nämlich erst in den sechziger Jahren ändern. 1963 erfand die Werbung die «Pepsi Generation», und der Schlachtruf «Come Alive! You're In The Pepsi Generation» wurde zu einer der erfolgreichsten Kampagnen in der Geschichte des Unternehmens überhaupt. Erstmals gelang es, auch junge Leute für die Limo zu begeistern.

Da lag es natürlich nahe, den siegreichen Reklamefeldzug auf weitere Länder auszudehnen. Was zumindestens in Taiwan gründlich danebenging, wie immer behauptet und angehenden Marketingstrategen gern mit auf den Weg gegeben wird, als mahnendes Beispiel für die schlimmen Folgen der Missachtung kultureller Unterschiede. Aber anders als bei Coca-Cola und der wächsernen Kaulquappe, wo wenigstens noch ein wahrer Kern in der Legende steckte, hat es diese Übersetzungspanne nie gegeben. Oder, um es etwas vorsichtiger auszudrücken, es lässt sich zumindest nirgends ein Beweis dafür finden.

Warum das? Weil die Fakten einfach nicht zusammenpassen. Schon die Zeitangaben reichen je nach Quelle von den sechziger Jahren bis in die neunziger Jahre, und nicht einmal über den Ort des Geschehens ist man sich einig. In amerikanischen Internetforen etwa wird der oft nach Deutschland verlegt. Was schon einmal nicht sein kann, da Pepsi in Deutschland immer nur die amerikanischen Originalslogans verwendet hat. Und auch Berichte von Augenzeugen sucht man vergebens. Was misstrauisch stimmt bei einem globalen Konzern wie Pepsi.

Aber tun wir einmal so, als ob. In einer Quelle wird eine Übersetzung angeboten, danach lautete der misslungene Slogan in Taiwan «Gen baishi huifu nidi xian bei»:

跟百事恢复你地先辈

Was so viel heißen soll wie «With Pepsi it will receive your ancestors». Was ja eigentlich für die Legende spricht. Aber selbst hier wird zugegeben, dass die Produktion in Eigenarbeit entstand und ein Beleg dafür, dass der Spruch jemals so benutzt wurde, was von Pepsi abgestritten wird, fehlt. Und das ist mehr als unwahrscheinlich, denn der Slogan wird auch hier wie fast überall immer falsch wiedergegeben, oder, besser gesagt, er wird passend gemacht. Stets ist die Rede von «Come Alive With The Pepsi Generation!», der Reklamespruch lautete aber «Come Alive! Your're In The Pepsi Generation». Was einen himmelweiten Unterschied ausmacht. Bei «Come Alive With Pepsi!» sind die Späße in der Richtung «Pepsi lässt Ihre Vorfahren von den Toten auferstehen» schon vorprogrammiert, und das wird auch der Grund dafür sein, warum der Spruch immer so zitiert wird. Der passende Ort war mit dem exotischen China auch schnell gefunden.

Zudem ist das Chinesische ja eine Bildsprache. Was häufig zu den absurdesten Kombinationen führt. Die haben aber dann eine völlig andere Bedeutung, wie bei Coca-Cola und der wächsernen Kaulquappe, und passen nicht so schön wie bei Pepsi. Im Internet kursieren seitenlange Listen mit angeblich falsch ins Chinesische übersetzten Werbesprüchen, die alle eins gemeinsam haben: Die

Pointe ist ein echter Schulter-klopfer. So soll etwa aus dem Slogan der US-Milchwirtschaft «Hast du Milch?» die Überset-zung «Heute schon eine Kuh gestohlen?» geworden sein, und das, obwohl der nie in China be-nutzt wurde. Aus dem Camel-Spruch «Ich geh meilenweit für eine Camel» wurde «Ein Kamel fragte mich, zwei Kilometer zu gehen», und den Slogan «Ein Tag ohne Orangensaft ist wie ein Tag ohne Sonnenschein»

sollen die Chinesen verstanden haben wie «Trinke Orangensaft oder werde blind», Marlboros «Come to Marlboro Country» angeb-lich wie «Verlasse China», und dass der Nike-Werbespruch «Just do it» sich für die Chinesen wie «Mach Sex» und «Intel Inside» wie «Du hast Intel gegessen» anhörte, überrascht nicht mehr und er-scheint doch reichlich konstruiert.

Die Nackt-Flieger

Legende: Aus dem Werbespruch «In Leder fliegen» von American Airlines wurde im Spa-nischen «Fliege nackt»

Eine besonders peinliche Panne soll der Fluggesellschaft American Airlines unterlaufen sein. Die warb in den Vereinigten Staaten er-folgreich mit dem Slogan «Fly in leather», also «In Leder fliegen».

Das bezog sich auf die komfortablen Ledersitze in der Business-Class, und als man diesen Produktvorteil auch der mexikanischen Kundschaft kundtun wollte, misslang das angeblich gründlich. Der Spruch wurde eins zu eins mit «Vuelo en cuero» ins Spanische übersetzt. «En cuero» klingt jedoch im Spanischen wie «en cueros», bei dem das «s» nicht betont wird, also genauso ausgesprochen wird und das nichts anderes als «nackt» heißt. Auf einen Flug im Adamskostüm verzichteten die Passagiere dann doch lieber.

Dass die Geschichte so stimmt, ist aber eher unwahrscheinlich. Jeder halbwegs fitte Übersetzer wüsste nämlich, dass ein Wortspiel wie «in Leder» nicht in einer wörtlichen Übersetzung funktioniert. Und über den Urheber ist man sich auch nicht einig. Die Legende macht schon ziemlich lange die Runde. In den achtziger Jahren und zuvor war immer von Braniff Airlines die Rede. Die gibt es aber schon lange nicht mehr, und in neueren Quellen heißt es dann plötzlich, American Airlines sei für das Schlamassel verantwortlich gewesen.

Status: FALSCH

Geben Sie Milch?

Legende: Der Slogan «Got Milk?» («Hast du Milch?») wurde in Mexiko zu wörtlich mit «Geben Sie Milch?» übersetzt

Einer der bekanntesten US-Werbesprüche ist «Got Milk?» («Hast du Milch?»). Ersonnen hat den Schlachtruf die Agentur «Goodby, Silverstein & Partners», und er buhlt seit Oktober 1993 im Auftrag der US-Milchwirtschaft um die Gunst der Verbraucher. In den Werbespots treten Menschen in verdrießlichen Lebenslagen auf, die etwa nach einem trockenen Essen keine Milch zum Herunterspülen finden und sich mit «Got Milk?» hilfesuchend an die Zuschauer wenden. Wo ihnen dann geholfen wird.

Berühmt wurde der erste Film. Dort versuchte der Schauspieler Sean Whalen während einer Radioshow gerade die 10 000-Dollar-Frage zu beantworten, kannte auch die Lösung, bekam aber kein Wort heraus, weil ihm der Mund von einer Stulle mit Erdnussbutter verklebt war. Der lustige Streifen wurde 2002 von der Zeitung «USA Today» zu einem der zehn besten Werbespots aller Zeiten gewählt, später traten dann Hunderte von Prominenten und sogar Comicfiguren wie die Simpsons oder Batman in der Kampagne auf.

Wenig preisverdächtig soll dagegen die Übersetzung ins Mexikanische gewesen sein. Die Agentur kannte sich angeblich mit dem Spanischen nicht allzu gut aus. Sie übersetzte ihn wörtlich mit «Tiene Leche?». «Tiene» bedeutet so viel wie «haben» und «Leche» ist die «Milch». Also durchaus gelungen, sollte man denken. Dem ist aber nicht so, weil im Spanischen anders als im Englischen oder Deutschen die Adjektive vor das Substantiv gesetzt werden. Und ein Mexikaner wird «Tiene Leche?» eher wie das englische «Are you lactating?» oder das deutsche «Geben Sie Milch?» verstehen. Und kein anständiger Mensch würde sich anschicken, so etwas eine schwangere Frau im Fernsehen zu fragen.

Auch dieser Fauxpas findet sich in jeder Anekdotensammlung über die Werbung, die etwas auf sich hält. Aber trotzdem ist an der Geschichte nichts dran. Sie geht zurück auf das in den USA sehr bekannte Buch «Beyond Translation» von Valerie Romlcy, wo die Autorin ausführlich den vermeintlichen Fehler des «California

Milk Processor Board» beschreibt. Romleys Ausführungen waren fachlich unangreifbar, bloß den Werbespruch hat es in der Form nie gegeben.

Mitte der neunziger Jahre dehnten die Milchproduzenten ihre Bemühungen um die Kalziumversorgung der Bevölkerung auch auf die vielen spanischsprechenden Mitbürger aus. Die Agentur war «Anita Santiago Advertising» in Santa Monica. Deren Inhaberin hatte bereits Preise für spanischsprachige Kampagnen eingefahren und war also durchaus vom Fach. Santiago zog, wie die «Advertising Age» berichtet, gleich zu Beginn ihrem Auftraggeber den Zahn, den erfolgreichen Slogan im Spanischen zu übernehmen, eben aufgrund der Doppeldeutigkeit. Außerdem würde eine ironische Kampagne wie in den USA bei den Latinos nicht ankommen, da dort traditionell die Mütter und Großmütter für den Milchkauf zuständig sind, und die lassen sich nicht gerne verulken. Stattdessen empfahl Santiago den Slogan «Y Usted Les Dio Suficiente Leche Hoy?» («Hast du ihnen heute genug Milch gegeben?»), der anfangs nur in Kalifornien lief. Später hieß es dann landesweit «Familia, Amor y Leche» («Familie, Liebe und Milch»).

Inzwischen heißt es «Toma Leche», und das heißt so viel wie «Haben Sie Milch?».

Status: WAHR

Iss deine Finger auf

Legende: Kentucky Fried Chicken übersetzte den Slogan «It's Finger Lickin' Good» ins Chinesische wie «Iss deine Finger auf»

Einen wirklich passenden Namen hat sich der Hühnchenbrater Kentucky Fried Chicken im Reich der Mitte zugelegt. KFC heißt dort «Kên Dé Jı Zhà Jı», was so viel bedeutet wie «Haus zum Essen tugendhafter Hühner». Ein Name, der

它是手指舔好

ganz offensichtlich den Geschmack der Chinesen traf, denn das Unternehmen ist die bekannteste ausländische Marke in China überhaupt, erst mit weitem Abstand folgen Coca-Cola und McDonald's (Mai Dang Lou). Die meisten Chinesen glauben nach den Ergebnissen einer Umfrage sogar, dass der Firmengründer ein Asiate sei, inzwischen gibt es im Reich der Mitte weit mehr als 1000 KFC-Restaurants.

Und das trotz eines ausgesprochen peinlichen Werbepatzers, den sich KFC anfangs leistete: Der weltweit eingesetzte Slogan «It's Finger Lickin' Good» wurde nämlich zu wörtlich übertragen und klang für die Chinesen ähnlich wie «Iss deine Finger auf». Und im Gegensatz zu vielen anderen Anekdoten von falsch übersetzten Werbesprüchen ist an dieser Geschichte sogar etwas dran.

Gegründet wurde KFC 1930 von Harland D. Sanders. In einer kleinen Tankstelle in Corbin, Kentucky, bereitete er Brathühnchen (Fried Chicken) zu, die er den Kunden in seinem Wohnzimmer servierte. Denen hat's auch ganz offensichtlich gut geschmeckt, denn Sanders konnte die Tankstelle zu einem Motel und Restaurant mit 142 Sitzplätzen ausbauen und nannte es «Kentucky Fried Chicken». Das Geheimnis seines Erfolges war die Kombination der immergleichen elf Kräuter und Gewürze, mit denen er neun Jahre lang herumexperimentiert hatte und die noch heute von der Firma so sorgsam gehütet wird wie das geheime Rezept von Coca-Cola. Schon 1935 sprach der Gouverneur von Kentucky ihm den Ehrentitel «Colonel of Kentucky» zu.

Ins Franchise-Geschäft stieg Sanders 1952 ein. Er reiste im ganzen Land umher, brutzelte zur Probe und ging Lizenzverträge per Handschlag ein. Für jedes nach seinen Rezepten zubereitete Huhn kassierte er 10 Cent und hatte drei Jahre später seine erste Million zusammen.

Ein Baustein des Erfolges war die Werbung. Dort trat Sanders seit den fünfziger Jahren in unzähligen Fernsehspots als «Colonel Sanders» auf. Gekleidet in weißes Leinen, ganz in Südstaaten-Gentleman-Manier. Eloquent erzählte er den Zuschauern etwas über die leckeren Hühner von KFC und schleckte sich zum Ende der Filme jedes Mal die Finger ab, unterlegt von dem Slogan «It's Finger Lickin' Good». Nach Sanders' Tod 1980 im Alter von 90 Jahren wurde die Figur durch eine Cartoonversion ersetzt, gespielt von dem Schauspieler Randy Quaid. Der Slogan ist bis heute international einer der bekanntesten Werbesprüche überhaupt, und Kentucky Fried Chicken wurde zu einer der größten Fast-Food-Ketten der Welt. Durch und durch eine Erfolgsgeschichte also, die Mitte der achtziger Jahre auch auf China ausgedehnt werden sollte.

Die erste Filiale wurde 1987 in Peking in Sichtweite des Mao-Mausoleums am Platz des Himmlischen Friedens eröffnet. Zum Vergleich: McDonald's machte seine erste Burgerstation auf dem chinesischen Festland erst 1990 in Shanghai und dann 1992 in Peking auf. Und wie überall auf der Welt griff man auch in China auf den bewährten Slogan zurück. Die Übersetzung misslang allerdings. Sie lautete «Ta shi shou zhi tian hao», was in etwa so viel aussagt wie «Die Finger lassen sich gut schlecken» und von den Chinesen wie «Iss deine Finger auf» verstanden wurde. Ganz abgesehen davon, ist die Vorstellung, sich in aller Öffentlichkeit die Finger nach einem Mahl zu lecken, für Chinesen ein Zeichen ausgesprochen schlechter Manieren und wirkt auf sie ziemlich barbarisch.

Einen glücklichen neuen After

Legende: Die Lufthansa hat Kunden in einer Neujahrskarte einen «glücklichen neuen After» gewünscht

Zu den Feiertagen ist es in der Geschäftswelt ein netter Brauch, seinen Kunden mit einer hübschen Anzeige oder Grußkarte eine kleine Freude zu bereiten. Dumm ist nur, wenn die Karte etwas anderes aussagt als vom Empfänger gewünscht. Wenig festliche Stimmung kam jedenfalls bei einer Lufthansa-Karte zum Weihnachtsfest 1956 auf. Der spanische Text der in acht Sprachen bedruckten Glückwunschkarte lautete nämlich aufgrund eines Druckfehlers: «Felices pascuas y próspero ano nuevo.» Zu Deutsch: «Fröhliche Weihnachten und einen glücklichen neuen After.» In der Druckerei hatte man den Akzent über dem «n» in «ano» weggelassen, sodass auf der Karte aus dem fröhlichen neuen Jahr unbeabsichtigt ein glücklicher neuer After wurde.

Ein ähnliches Malheur soll unbestätigten Quellen zufolge auch einem Konzertveranstalter aus Phoenix widerfahren sein. Als der Plakate mit dem Werbespruch «Hear the concert of the year» drucken ließ, wurde ebenfalls der Akzent beim «n» vergessen. An der originellen Darbietung «Hear the concert of the anus» waren aber wahrscheinlich wenige Musikfans interessiert.

Unvergessen wird, wie der «Spiegel» berichtet, eine Neujahrskarte aus der chinesischen Botschaft in Berlin von 1982 bleiben. Neben einem schicken Blumenstrauß stand dort die Widmung: «Happy Birthday Sweetheart».

Status: WAHR

Geiz ist nicht überall geil

Legende: Der Saturn-Slogan «Geiz ist geil» klingt im Spanischen wie «Geiz verdirbt mich»

Erfunden hat den berühmten Werbespruch im Jahr 2003 die Hamburger Agentur «Jung von Matt». Er lief bis Ende 2007, und in Deutschland sahen die einen in ihm ein Stück Zeitgeist, der schweigenden Mehrheit ging das ganze Reklamegetöse der Elektrohandelskette einfach nur auf den Geist.

Anders in Spanien: Dort löste der Slogan eher Gelächter aus – wenn er denn verstanden wurde. Die sinngemäße Übersetzung lautete «La avaricia me vicia». Ein Wort wie «geil» gibt es im Spanischen aber nicht, und das benutzte Verb «vicia» ist mehrdeutig, sodass der Slogan klang wie «Geiz verdirbt mich» oder «Geiz belastet mich». Da Saturn jedoch nur mit zwei Filialen im Land vertreten war, fiel die Panne kaum auf.

Richtig Ärger gab es dagegen in Österreich. Unsere Nachbarn sahen durch einen Saturn-Spot ihren früheren Kanzler Leopold Figl verunglimpft. Der Film zeigte eine Nachstellung der Präsentation des österreichischen Staatsvertrages an die Bevölkerung durch Figl. Dabei hielt ein Saturn-Männchen einen Prospekt mit den neuesten Schnäppchen in Händen und röhrte unter dem Jubel der Massen: «Österreich ist geil!» Was die Österreicher gar nicht lustig fanden. Die Kommentatoren schäumten, und Saturn bekam säckeweise böse Briefe, wie denn gerade ein deutsches Unternehmen sich anmaßen könne, ein wichtiges Ereignis der österreichischen Geschichte für Werbezwecke herabzuwürdigen. Der Spot wurde abgesetzt.

Ich habe die Kartoffel gesehen

Legende: Als der Papst Miami besuchte, druckte ein Händler T-Shirts mit dem Aufdruck «Ich habe die Kartoffel gesehen» anstelle von «Papst gesehen»

Einer der schönsten Übersetzungsfehler unterlief einem umtriebigen kleinen Ladenbesitzer aus Miami. Als Papst Johannes Paul II. 1987 in Florida Station machte, witterte der ein gutes Geschäft, blamierte sich aber bis auf die Knochen. Er ließ mehrere hundert T-Shirts mit dem spanischen Aufdruck «I saw the Pope» anfertigen, in der Hoffnung, damit die ansässigen Latinos zu erfreuen. Anstelle von «El Papa» (the Pope, der Papst) druckte er aber «La Papa» (the potato, die Kartoffel) auf die schicken Hemden. Es gab jedoch keine große Nachfrage für T-Shirts mit dem Schriftzug «Ich habe die Kartoffel gesehen». Und da selbst spanische Zeitungen ausführlich über den Vorfall berichteten, gehen wir einmal davon aus, dass sich auch alles so abgespielt hat.

Kunden werden exekutiert

Legende: Ein Schneidergeschäft in Jordanien hat damit geworben, dass «Kunden in strikter Reihenfolge exekutiert werden»

Für einen Lacherfolg sorgen immer wieder Ladenbesitzer in Urlaubsländern, wenn sie versuchen, mit in Heimarbeit fabrizierten Werbetexten Touristen anzulocken. So soll im Schaufenster eines Schneidergeschäfts in Jordanien folgendes Schild gehangen haben: «Order you summers suit. Because if big rush we will execute costumers in strict rotation.» Der Inhaber war sich anscheinend der Bedeutung des Wortes «execute» im Englischen nicht bewusst, welches zwar durchaus mit «abarbeiten», aber ebenso gut auch mit «hinrichten» übersetzt werden kann.

Dutzende Geschichten dieser Art machen die Runde, und was davon echt ist und was erfunden, lässt sich natürlich nur schwer überprüfen. Das Schild aus Jordanien wurde jedenfalls auch schon in einem Schneidergeschäft im griechischen Rhodos gesichtet. Und fast zu drollig, um wahr zu sein, ist ein angeblich vor Rechtschreibfehlern strotzender Aushang einer Wäscherei in Saudi-Arabien. Unter anderem soll der Besitzer in «lady's shirt» das «r» vergessen haben ...

Die nächsten Beispiele kommen aus Bangkok. Dort ist es ja meistens ziemlich heiß, und eine Bar soll Kunden auf die Vorteile einer schattigen Terrasse mit den Worten hingewiesen haben: «The shadiest bar in Bangkok» («Die zwielichtigste Bar in Bangkok»). Neugier auf die Sonderangebote im ersten Stock wollte ein Kaufhaus angeblich mit dem Schild wecken «Visit our bargain basement one flight up» («Besuchen Sie unsere Sonderangebote einen Flug höher»). Ein bisschen unanständig waren der Werbespruch einer chemischen Reinigung «Drop your trousers here for the best

results» («Lass deine Hosen hier fallen für die besten Ergebnisse»)
und die Anweisung in einem von vielen Touristen besuchten Tem-
pel, die lautete: «Es ist verboten, in eine Frau einzudringen, selbst
wenn der Ausländer wie ein Mann gekleidet ist.» In Nordthailand
wiederum versuchte eine Elefantenfarm Kunden mit den Worten
anzulocken: «Would you like to ride on your ass?» Garantiert
echt ist die Schaufensterwerbung aus einem Einkaufszentrum in
Bangkok.

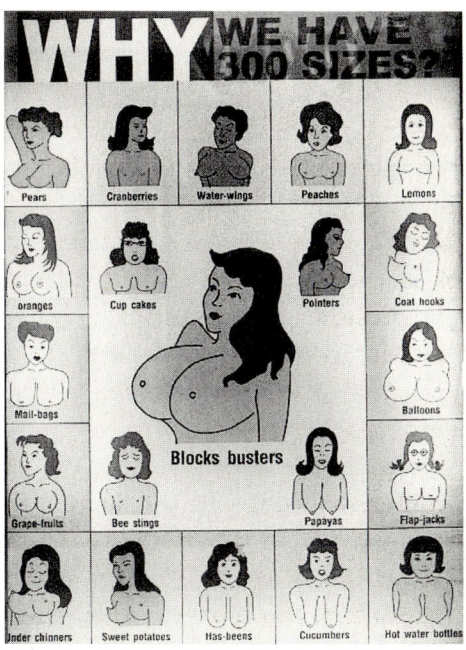

Schalke-Fans in Hertha-Werbung

Status: WAHR

Legende: In einer Anlegerbroschüre warb Hertha BSC versehentlich mit Schalke-Fans

Schalke, ausgerechnet Schalke! Jeder halbwegs gebildete Fußball-anhänger weiß, dass zwischen den Anhängern des Hauptstadt-klubs und denen der Königsblauen seit dem Bundesligaskandal von 1971 eine abgrundtiefe Feindschaft besteht. Im Januar 2005 mussten sich Hertha-Fans deshalb auch erst einmal setzen, als ihnen per Post eine Broschüre ihrer Hertha ins Haus flatterte. Mit Hilfe des aufwendig gestalteten Flyers wollte der Verein auf eine von der Berliner Volksbank herausgegebene Anleihe in Form ei-ner sogenannten Inhaber-Teilschuldverschreibung aufmerksam machen, mit dem Geld für die seit langer Zeit brachliegende Ju-gendarbeit gesammelt werden sollte.

Zu sehen waren in der aufklappbaren Broschüre neben einigen langweiligen Finanzdetails auch Bilder von jubelnden Fans in den Hertha-Farben Blau und Weiß. Zumindest auf den ersten Blick. Wer genauer hinsah, merkte nämlich schnell, dass es sich um Sympathisanten von Schalke 04 handelte. Mehr als 8000 Bro-schüren waren schon in Umlauf, bevor die «Berliner Morgenpost» den Skandal aufdeckte. Hertha redete sich damit heraus, dass der

Fehler bei der Werbeagentur lag. Die großangelegte Verteilaktion wurde gestoppt und das Geld in den Wind geschrieben. In einer neuen Druckschrift waren dann echte Hertha-Fans zu sehen, und alle, die schon immer wussten, dass Banker sowieso keine Ahnung vom Fußball haben, fühlten sich einmal mehr bestätigt.

Status: WAHR

Landwirtschaftsminister
als Superlover

Legende: Landwirtschaftsminister Josef Ertl wurde in einer kanadischen Anzeige als Super-lover Gord Masters vorgestellt

Mal so ganz unter uns gefragt: Woran denkt man bei einem Landwirtschaftsminister zuerst? Doch eher an glückliche Kühe als an glückliche Frauen. Sollte man eigentlich meinen, aber eine windige Firma aus Kanada, die allerlei nutzlose Potenzmittelchen anbot, mit deren Hilfe jeder müde Mann problemlos zum leistungsfähigen Liebhaber werden sollte, sah das offensichtlich anders. 1976 erschien in der Zeitung «Toronto Tabloid Newspaper» ein ganzseitiges Inserat, in dem der damalige Landwirtschaftsminister Josef Ertl von der FDP «nach gelungener Entfettungskur» bei der morgendlichen Gymnastik in freier Natur als «Super Lover» zu bewundern war. Kleine Textprobe: «Ich ... könnte einen ganzen Harem vernaschen.»

Die Verfasser wussten allerdings ganz offensichtlich nicht, mit wem sie es zu tun hatten, das Foto soll ihnen, behaupteten sie jedenfalls, zufällig in die Hände gefallen sein, und die Kreativen waren angeblich schwer beeindruckt von der «Urkraft, die das Bild ausstrahlt». In der Anzeige hieß Ertl dann auch «Gord Masters» und nicht Josef. Nachdem Bonn auf höchster Ebene sein Missfallen kundgetan hatte, wurde die Annonce schnell wieder zurückgezogen.

Status: WAHR

VW Käfer schleppt BMW ab

Legende: VW bekam Ärger mit BMW-Fahrern, weil in einer Anzeige ein BMW von einem Käfer abgeschleppt wurde

Den Zorn aller BMW-Fahrer zog sich Volkswagen 1967 zu. Als in höchstem Maße ungehörig empfanden die Freunde des gepflegten Sportwagens ein Inserat, in dem ausgerechnet ein popeliger VW Käfer einen liegengebliebenen BMW 1800 abschleppte.

Bei VW war man sich keiner Schuld bewusst und wollte auch niemandem an den Karren fahren. Das Inserat zeigte das Heck eines Käfers, am Abschleppseil hing ein Wagen der ganz offensichtlich bei Eis und Schnee schlappgemacht hatte und nicht näher identifizierbar war, wie man zumindest in Wolfsburg dachte. Passend dazu witzelte der Anzeigentext: «Auf Ihren VW kann sich Ihr Nachbar verlassen.»

Entworfen wurde die Annonce in der Kreativ-Abteilung der Düsseldorfer Agentur DDB, und die hatte den englischen Star-Fotografen Bob Brooks angeheuert. Brooks wiederum hängte ohne jede böse Absicht den nächstbesten gerade verfügbaren Wagen an das Abschleppseil – das war ein BMW 1800, den er für seinen Deutschland-Aufenthalt gemietet hatte. Um möglichen Ärger vorzubeugen, schnitten die DDB-Graphiker von dem Auto so viel wie möglich weg, und auch der Rest wurde noch verfremdet, sodass der charakteristische Kühlergrill und das Firmenemblem verschwanden. Ein

Test unter der Agentur-
besatzung schien zu be-
stätigen, dass die Marke
nicht mehr auszuma-
chen war.

Was ein Irrtum war.
Fanatische BMW-An-
hänger erkannten die
weiß-blaue Nase trotz
der Schönheitsoperation
und schrieben entrüstete
Briefe an die Bayerische
Motoren Werke AG: «Das
darf sich BMW nicht ge-
fallen lassen.» Oder: «Wir
hatten noch nie Start-
schwierigkeiten.» Derart

Auf Ihren VW kann sich Ihr Nachbar verlassen.

von der Kundschaft angefeuert, konnte BMW nur mit Mühe und
Not davon abgehalten werden, die Werbefrevler aus Niedersachsen
vor Gericht zu zitieren. Schließlich zog Volkswagen die Anzeige
zurück, und die Wogen glätteten sich wieder. Eine kleine Retour-
kutsche konnte man sich in München trotzdem nicht verkneifen.
Von oben herab gab BMW-Verkaufschef Paul Hahnemann seinen
Kollegen in einem Interview im «Spiegel» den Ratschlag mit auf
den Weg, beim nächsten Mal doch lieber auf Werberequisiten aus
dem eigenen Konzern zurückzugreifen: «Wenn ihr wieder einmal
einen Wagen zum Wegschleppen braucht, nehmt doch einen Audi.
Dann habt ihr einen weniger auf dem Hof stehen.»

Der Mann von Seite 602

Legende: In einem Versandhaus-Katalog von Sears schaute bei einem Model das Geschlechtsteil aus den Boxershorts heraus

Nie einwandfrei geklärt wurde ein unerfreuliches Malheur aus dem Herbst-Winter-Katalog des US-Kaufhauses Sears von 1975. Auf Seite 602, wo die neuesten Unterwäsche-Kreationen für Herren präsentiert wurden, soll sich eine für die Firma äußerst unerfreuliche Panne eingeschlichen haben. Zu sehen waren zwei männliche Models, einer in weit geschnittenen Boxershorts, der Zweite in einem feschen Slip. Was noch nicht weiter erwähnenswert wäre, hätte nicht auf der inneren Seite des linken Beines des Mannes mit den Boxershorts ein kleines, rundes undefinierbares

Shirts, Boxers and Briefs in a luxury blend of 50% Kodel® polyester and 50% combed cotton

Etwas herausgelugt. Die Aufnahme war ziemlich verwischt, die Größe, die Position und die Form des Objekts deuteten aber darauf hin, dass es sich nur um den Penis handeln konnte.

Bei Sears hagelte es nur so Protestbriefe, man stritt aber vehement jegliche Schuld ab. Die offizielle Erklärung war, das ominöse Ding sei ein Schönheitsfehler, ausgelöst durch Wasser oder eine andere Flüssigkeit, die während des Druckvorgangs auf den Film getropft sei. Glauben tat das niemand, weil das Gebilde in einer Vergrößerung schon ziemlich verdächtig aussah. Woraufhin Sears schnell eine weitere Begründung hinterherschob: Dasselbe Foto war bereits im Frühlingskatalog desselben Jahres erschienen, ohne dass jemand daran Anstoß genommen hätte.

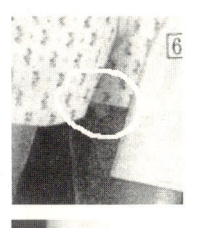

Damit schien die Sache eigentlich erledigt. Als aber einige Zeit später ein Zweifler im Archiv von Sears nachforschen wollte, ob es die Anzeige in der Frühjahrsausgabe auch wirklich gab, wurde ihm ohne Angabe von Gründen der Zutritt verweigert. Und – es wird noch besser – plötzlich tauchten weitere Vergrößerungen auf, mit denen belegt werden sollte, dass auch bei dem zweiten Herrn das beste Stück zu sehen war.

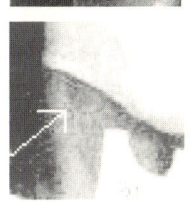

Rätsel über Rätsel. Für die Version des Kaufhauses sprach auf jeden Fall, dass der Mann in den Boxershorts schon ziemlich gut hätte gebaut sein müssen, wenn man die Maße einfach mal grob über den Daumen peilt. Späten Ruhm erfuhr die Geschichte später noch durch den Countrysänger Jack Barlow, der einen in den USA sehr populären Song schrieb mit dem Titel «The Man on Page 602».

Status: WAHR

Falscher Text im Nike-Spot

Legende: In einem Nike-Spot sagte ein Samburu-Krieger «Ich will diese Schuhe nicht» anstelle des Slogans «Just do it», und niemand hat es gemerkt

Seit 1988 wirbt Nike mit dem Slogan «Just do it!». Die Parole gehört inzwischen zu den bekanntesten Reklamesprüchen weltweit. Ausgebrütet hat ihn Dan Wieden von der Agentur «Wieden+Kennedy», und von der US-Werbezeitschrift «Advertising Age» wurde die Losung unter die fünf besten Slogans des 20. Jahrhunderts gewählt.

Wenig preisverdächtig lief allerdings im Jahr 1989 der Dreh eines Werbespots für ein neues Paar Trekkingschuhe ab. Der Film spielte in Kenia, Hauptdarsteller waren Einheimische vom Stamm der Samburu aus dem Norden des Landes. Die Handlung ist schnell erzählt: Samburu-Frauen und -Männer tanzten in traditionellen Gewändern, abwechselnd dazu wurden Bilder von dem neuen Schuhwerk eingeblendet. Text gab es keinen, erst als zum Schluss der dramaturgische Höhepunkt des Geschehens nahte, schwenkte die Kamera langsam auf einen mürrisch dreinblickenden Samburu-Krieger, der etwas in seiner Muttersprache erzählte, dem Maa. Was dem Äquivalent zu dem Nike-Slogan «Just do it!» entsprechen sollte, wie der quer über den gesamten Bildschirm eingeblendete Schriftzug die Zuschauer vermuten ließ.

Als der 30-Sekunden-Film landesweit im amerikanischen Fernsehen gezeigt wurde, kam er beim Publikum auch bestens an, und alles wäre in schönster Ordnung, wäre da nicht Lee Cronk gewesen, ein Anthropologe an der Universität Cincinnati. Cronk hatte zwei Jahre in Kenia Maa studiert und galt als der Experte schlechthin auf diesem Gebiet. Deshalb verstand er auch, was der Krieger wirklich von sich gab, nämlich: «Mayieu kuna. Ijooki inamuk sapukin.» Und das entsprach keineswegs dem Nike-Slogan, sondern ins Amerikanische übersetzt: «I don't want these. Give me bigger shoes.» Auf Deutsch also in etwa: «Ich will diese Schuhe nicht. Gib mir größere.» Ganz offensichtlich waren ihm die Schuhe zu klein, und er wollte ein passendes Paar.

Cronk rief daraufhin seinen Freund Jonathan Haines an, der für das «Cincinnati Journal» schrieb, und erzählte ihm lachend von der Pointe. Der berichtete, die Zeitungen sprangen auf die Geschichte an, und Cronk verbrachte eine vergnügliche Woche mit Interviews.

Was wiederum Nike in Erklärungsnot brachte. Eine Sprecherin meinte, man sei sich über den Inhalt im Klaren gewesen, vertraute aber darauf, dass kein Mensch in Amerika Maa verstehen würde.

So weit die Geschichte in Kurzform und die Fakten, die unstrittig sind. Es gab den Spot, und der Maa-Krieger sagte wirklich: «Ich will diese Schuhe nicht», wie alle Beteiligten bestätigten. Womit eigentlich nur noch die Frage zu klären bliebe: Wusste Nike Bescheid über den vertauschten Text, oder war die Firma ahnungslos?

Nikes Ausführungen widersprachen sich. Einerseits behauptete die Firma, dass verschiedene Fassungen des Spots gedreht wurden und in einer dieser Versionen hätte der Samburu das Maa-Äquivalent zu «Just do it» gesagt, aber die sei zu lang für einen 30-Sekunden-Film gewesen. Was wenig glaubhaft klingt, auch wenn man nicht des Maa mächtig ist.

Dann kam die Version auf, der Spot sollte eigentlich mit einem kleinen Scherz enden, nämlich dass der Krieger die falsche Schuhgröße bekommen hatte und nach neuen Schuhen verlangte. Die Werbestrategen entschieden aber, der Slogan allein würde besser arbeiten, und weil der Samburu seine Sache so gut gemacht hätte, nahm man notgedrungen den falschen Text in Kauf. Was wiederum konstruiert klingt.

Licht in das Dunkel brachte schließlich der Aufnahmedirektor des Spots in einem Magazininterview von 1990. Der gesamte Dreh muss damals ziemlich chaotisch abgelaufen sein. So sprach etwa der extra angeheuerte Übersetzer zwar Suaheli, aber dafür kein Maa, was auch nicht weiterhalf, und deshalb musste die Filmcrew jedes Mal auf Bilder in einem Kinderbuch zeigen, wenn sie den Mitwirkenden etwas erklären wollten. Außerdem gab es Schwierigkeiten, überhaupt eine geeignete Maa-Version des Slogans zu finden, und im Endeffekt hatte niemand die geringste Ahnung, was der Samburu da wirklich erzählte. Man war am Ende einfach nur froh, den Streifen im Kasten zu haben, weil man sowieso unter Zeitdruck stand. Eine Erklärung, die doch wesentlich glaubwürdiger erscheint als die offizielle Version von Nike.

Ob der Krieger am Ende noch sein passendes Paar Schuhe bekam, ist nicht überliefert. Für Cronk hat sich die ganze Sache jedenfalls noch gelohnt. Nike spendierte ihm ein neues Paar Wanderschuhe zum Dank für all die kostenlose Publicity, die er durch seine Enthüllung losgetreten hatte.

Status: WAHR

Peinliche Logo-Panne

Legende: Das Logo des «Office of Government Commerce» sah gedreht aus wie ein Mann mit einer Riesenerektion

Das «Office of Government Commerce», kurz «OGC», ist der Ableger einer britischen Regierungsbehörde, der investitionswillige Unternehmen in verschiedenen Bereichen wie etwa Computer und Telekommunikation berät. Also durch und durch eine seriöse Organisation. Im Frühjahr 2008 legte sich OGC ein neues Logo zu und machte dabei Schlagzeilen, wie es sich jeder PR-Manager nur wünschen konnte, wenn denn der Anlass ein Grund zur Freude gewesen wäre.

Der Grund für die ganze Aufregung war ein neues Firmenemblem. Das erschien auf den ersten Blick wenig spektakulär, höchstens ein wenig unelegant – die Initialen in Großbuchstaben, unterlegt mit einem schicken Schrifttyp. Also durchaus passend

für einen Behördenableger. Entworfen wurde es von der Londoner Agentur FHD, gekostet haben die drei schicken Buchstaben mal eben die stolze Summe von 14 000 britischen Pfund. Pech war, dass keiner der smarten Designer auf die Idee kam, es vorher einmal auf die Seite zu kippen. Das taten dafür die Mitarbeiter.

Um auch die an dem freudigen Ereignis teilhaben zu lassen, spendierte die Firmenleitung jedem Angestellten ein Computer-Mousepad und neue Kugelschreiber, alle mit dem Logo versehen. Es soll ungefähr 20 Sekunden gedauert haben, bis die Ersten vor Lachen in Tränen ausbrachen. Um 90 Grad nach rechts gekippt, sah das schöne Logo nämlich eindeutig zweideutig aus: wie ein Mann mit einer Riesenerektion.

Innerhalb kürzester Zeit verbreitete sich das Akronym im Internet, und die Buchstabenkombination galt unter Insidern schnell als neues Emoticon (Zeichenfolge, die ein Smiley nachbildet) im Chat. Auf Nachfrage gestand das Management dann auch etwas widerwillig ein, dass es unter dem Personal ein paar Scherze gegeben habe, aber unter Abwägung aller Umstände sei man zu dem Schluss gekommen, dass dieser Effekt gering sei. Kurze Zeit später hatte man es sich dann doch anders überlegt und präsentierte ein neues Logo, da – wie es in solchen Fällen immer so schön heißt – eine «neue vorwärtsgerichtete Strategie» auch ein neues Corporate Design erfordere. Das sah dann so aus:

Office of Government Commerce

Locum love cum

Legende: Die schwedische Firma Locum hat in einer Anzeige ihren Namen versehentlich geschrieben wie «I love cum»

Nicht bis zum Ende durchdacht war eine Anzeige des schwedischen Gebäudeverwalters «Locum». Die schaltete zum Weihnachtsfest 1991 eine Annonce mit den besten Wünschen an die Kundschaft. Um dem Inserat ein wenig Pep zu verleihen, kam die Firma auf die nette Idee, das «o» im Logo von Locum durch ein Herzchen zu ersetzen, frei nach «I love New York». Bei dem gewählten Schrifttyp sah das große «L» aber wie ein «I» aus, das Ergebnis las sich dadurch wie «I love cum». Was vielleicht den einen oder anderen Pornoliebhaber amüsiert haben dürfte, aber nicht die Kunden. Links die Beweisanzeige.

Falsches Model in Gucci-Anzeige

Legende: Ein Hochstapler hat sich in eine Gucci-Anzeige gemogelt, und niemand hat es bemerkt

Der Mann trägt den klingenden Namen Juan Isidro Casilla und ist Schweizer. Genarrt hat er mehrere eidgenössische Zeitungen mit am Computer gebastelten Anzeigen, in denen er sich selbst verewigte.

Seinen größten Coup landete Casilla am 25. Februar 2007. An diesem Tag erschien in der renommierten Züricher «Sonntagszeitung» eine doppelseitige vierfarbige Anzeige für ein Parfum

von Gucci. Auf dem Foto war ein männliches Model mit nacktem Oberkörper zu bewundern, der rote Schmollmund von Bartstoppeln umrahmt, ein lasziver Blick aus braunen Augen, schaute den Lesern direkt in die Augen. Das Inserat stammte allerdings nicht von Gucci, sondern von Casilla, der auch persönlich in seinem Werk auftrat. Am Freitagnachmittag kurz nach Anzeigenschluss hatte er die Zeitung angemailt, sich als Produktmanager Andrew Watson von Gucci ausgegeben und um die dringende Veröffentlichung einer Doppelseite noch am nächsten Sonntag gebeten. Die Vorlagen schickte er gleich mit. Die Mail steckte zwar voller Rechtschreibfehler, und auch der Absender stimmte nicht, aber der angebliche Watson behauptete einfach dreist, seine Mailadresse bei Gucci funktioniere gerade nicht. Womit er durchkam: Um zu prüfen, ob das Inserat echt war, reichte die Zeit nicht, aber es sah ziemlich echt aus, sodass die Anzeigenprofis der Zeitung nichts merkten. Nur einem Graphiker wäre wahrscheinlich aufgefallen, dass Flakon und Schriftzug unscharf gesetzt waren und an einer merkwürdigen Stelle über dem Bizeps schwebten.

Das Blatt kam der Bitte um Veröffentlichung wie gewünscht nach, die Doppelseite erschien an besagtem Sonntag. Solch ein Inserat in der Zeitung mit einer Auflage von rund 200 000 Exemplaren kostete rund 60 000 Schweizer Franken, was Casilla aber nicht weiter scherte, die Rechnung ließ er einfach an die offizielle Adresse von Gucci Zürich schicken.

Die gleiche Nummer hatte Casilla bereits mehrfach durchgezogen. Das Lifestylemagazin «SI Style» etwa war im Dezember 2006 auf den Schwindler reingefallen und veröffentlichte ein schickes Foto von Casilla in Jeans der Marke Pepe. Und eine Woche vor der Sonntagszeitung stand er schon in der Gratiszeitung «heute» für Gucci Modell. Aufgeflogen ist der ganze Schwindel dann Ende Februar 2007, als er versuchte, die Parfumanzeige auch im «Blick» unterzubringen, und die den Schwindel bemerkten. Die Posse schlug damals hohe Wellen, Casilla landete vor Gericht und wurde zu einer Geldstrafe verdonnert, die er aber mangels flüssiger Mittel nicht begleichen konnte. Und da die Sonntagszeitung sich nicht weiter dem Gespött aussetzen oder als Spielverderber dastehen wollte, ließ sie die Angelegenheit auf sich beruhen.

Geläutert wurde Casilla trotzdem nicht. Schon im November 2007 versuchte er erfolglos, eine Tanzgruppe für den Auftritt des Latino-Superstars «Chayanne» zu buchen. Den gibt es wirklich, aber in diesem Falle wollte Casilla seine Sangeskünste vorführen.

Status: WAHR

Bananen gegen
Stereoanlage getauscht

Legende: Silo musste 11 000 Bananen in Zahlung nehmen, weil die Firma in Fernsehspots spaßeshalber Stereoanlagen für 299 Bananen angeboten hatte

Eine nette Werbeidee hatte sich 1986 die US-amerikanische Elektronikhandelskette Silo ausgedacht: In Fernsehspots pries die Firma Stereoanlagen für «299 bananas» an. «Bananas», also Bananen, sind in den Staaten ein häufig gebrauchtes Umgangswort für den Dollar, so ungefähr, wie man im Deutschen Mäuse für Zaster sagt. Nicht geplant war, dass 32 Kunden das Angebot wortwörtlich nahmen, mit 299 Bananen unter dem Arm in den Geschäften auftauchten und auf die Einhaltung der Abmachung pochten. Die Südfrüchte hatten ungefähr, je nach Reifegrad, einen Gegenwert von 40 bis 60 Dollar und Silo am Ende mehr als 11 000 Bananen im Keller liegen. Die Sache nahm aber schließlich doch noch ein gutes Ende, denn die Bananen wurden für einen guten Zweck gespendet: für die Affen im Woodland Park Zoo in Seattle.

Die Hoover- Free-Flight-Promotion

Status: WAHR

Legende: Hoover musste wegen einer misslungenen Werbeaktion Freiflüge für 100 Millionen Dollar spendieren

Nicht um Bananen, sondern um richtig viel Geld ging es bei einer völlig aus dem Ruder gelaufenen Werbeaktion von Hoover aus dem Jahr 1992. Der Elektrogerätehersteller versprach damals Kunden in Großbritannien beim Kauf eines Staubsaugers oder eines anderen Hoover-Produkts einen Gratisflug und landete damit einen der größten Werbeflops aller Zeiten. Innerhalb weniger Monate setzte das Unternehmen mehr als 100 Millionen US-Dollar in den Sand.

Die Aktion war aus der Not geboren, weil in den Regalen der Firma Waschmaschinen und Staubsauger im Wert von mehr als

20 Millionen Dollar lagerten. Um die Lager zu räumen, startete Hoover eine Promotionkampagne, die zu schön schien, um wahr zu sein: Jedem Kunden, der Produkte für mehr als 100 Pfund erwarb, wurden zwei Freiflugtickets versprochen. Wahlweise konnten beinahe alle größeren Städte in Europa angeflogen werden.

Dass eine solche Kampagne sich niemals rechnen würde, war von vornherein klar. Die Tickets kosteten deutlich mehr als 100 Pfund, viele Staubsauger gerade mal die Hälfte des Flugpreises. Trotzdem spekulierten die Werbestrategen darauf, einen guten Schnitt zu machen. Zum einen dachten sie, dass viele Kunden ihre Gutscheine nicht einlösen würden. Die Anmeldeprozedur war bewusst kompliziert gehalten und mit viel Papierkrieg verbunden, sodass schon hier viele Leute entnervt das Handtuch werfen sollten. Außerdem wurden die Händler angehalten, den Käufern weiteres Zubehör oder teurere Modelle und die Reisebüros ihnen kostspielige Zusatzleistungen anzudrehen. Unterm Strich plante man so mit einer schwarzen Zahl.

Die Rechnung ging nicht auf. Die Briten stürmten förmlich die Läden und kauften in einem irrwitzigen Tempo Hoover-Produkte. Die Absatzzahlen explodierten, und in der Herstellung mussten 75 zusätzliche Arbeiter eingestellt werden. Höchste Zeit, die Notbremse zu ziehen und die Aktion zu stoppen, sollte man meinen. Die Hoover-Strategen taten genau das Gegenteil: Sie setzten noch einen drauf. Eine zweite Promotion-Welle rollte unter dem Motto «Zwei Hin- und Rückflüge. Unglaublich!» an, und diesmal wurden der Kundschaft sogar zwei Freiflüge in die USA versprochen, wenn sie sich denn einen neuen Staubsauger zulegten.

Unglaublich war aber nur, was dann folgte: Nicht nur, dass plötzlich Zehntausende neue Möchtegern-Flieger hinzukamen, plötzlich rührten sich auch Tausende von Menschen, die ihren Coupon bei der ersten Aktion nicht eingelöst hatten. Und weil Hoovers Agenten nicht mehr genügend freie Plätze ranschaffen konnten, reagierten die äußerst ungehalten. Es kam zu Tumulten in den Reisebüros, und von teuren Extras wollte auch niemand etwas wissen – die Leute wollten einfach nur die versprochenen Flüge, und das sofort. Die Presse berichtete, was dazu führte, dass noch mehr Briten die Läden belagerten und auf Einhaltung der Abmachung bestanden.

Nicht lange, und die ersten verprellten Kunden nahmen die Sache selbst in die Hand. David Dixon, ein bis dahin unbescholtener Pferdetrainer aus High Seaton, wurde über Nacht zum britischen Nationalhelden, als er einen Lieferwagen von Hoover kidnappte. Ihm war der Kragen geplatzt, nachdem er nicht nur keinen Flug bekommen, sondern auch die erworbene Waschmaschine nach kurzer Zeit ihren Geist aufgegeben hatte. Als ihn dann der herbeigerufene Mechaniker vom Hoover-Kundendienst einen Idioten schimpfte, nahm Dixon wutentbrannt das Gefährt in Geiselhaft. Seinen versprochenen Freiflug bekam er trotzdem nicht, aber die Sache wurde zu einer nationalen Angelegenheit. Die BBC ermittelte mit versteckter Kamera, und auch im Parlament war die Werbeaktion ein Thema.

Das BBC-Wirtschaftsmagazin «Watchdog», das gerade seinen 25. Geburtstag feierte, nannte die Hoover-Kampagne die größte Story des letzten Vierteljahrhunderts. Anfang 1993 hatten Hunderte von aufgebrachten Anrufern ihrem Ärger bei dem Magazin Luft gemacht, und die Fernsehleute schleusten daraufhin undercover einen Reporter bei Hoover ein. Der wiederum fand heraus, dass die Firma alles versuchte, ihre Kunden absichtlich um die Tickets zu prellen.

Als ob das alles nicht schon schlimm genug wäre, geschah das Schlimmste, was einem in Großbritannien passieren kann: The Queen was not amused. Seit den Zeiten Heinrichs VIII. hatte die königliche Familie Abzeichen an verdienstvolle Unternehmen verliehen, die sich durch besonderen Einsatz für die britische Wirtschaft ausgezeichnet hatten. Die Empfänger waren berechtigt, das königliche Wappen in ihrer Werbung zu benutzen. Im Fall von Hoover wurde die Plakette erstmals wieder eingezogen.

Schließlich kam es, wie es kommen musste: 1993 gründeten erboste Staubsaugerbesitzer die «Hoover Holidays Pressure Group», einen Verein, der schon nach kurzer Zeit über 8000 Mitglieder hatte, und es ging vor Gericht. Der Fall zog sich bis 1998 hin, und am Ende klagten 220 000 Kunden ihre Freiflüge ein, wobei in den meisten Fällen eine Abfindung von 500 Pfund gezahlt wurde. Insgesamt kostete Hoover die ganze Aktion ungefähr 50 Millionen britische Pfund, was damals in etwa 100 Millionen amerikanischen Dollar entsprach. Das komplette Management verlor seinen Job, die britische Niederlassung wurde an eine italienische Firma verscherbelt.

Status: WAHR

Der Omo-Knoten

Legende: Omo wurde die Werbung mit dem Omo-Knoten gerichtlich untersagt, weil im Spot geschummelt wurde

Einen ganz besonderen pfiffigen Trick hatte sich 1970 die Hamburger Werbeagentur Lintas für das Unilever-Waschmittel «Omo» ausgedacht. Um die «Durchdrehungskraft» bildlich darzustellen, erfanden sie den Omo-Knoten. Ein stark verschmutztes Küchenhandtuch wurde im Werbespot geknotet und im Normalwaschgang in eine Waschmaschine gestopft. Das Ergebnis: «Der Knoten ist nicht nur außen sauber, sondern auch innen. Mit Omo. Durch den Knoten hindurch sauber. Omo – die Kraft, die durch den Knoten geht.» Zum Beweis wurde das Wäschestück nach dem Waschgang aus der Maschine gezogen und vor laufender Kamera entknotet. Und – man glaubt es kaum – das gute Stück war wieder porentief weiß.

Deutschlands Waschfrauen waren begeistert und kauften fleißig Omo. Wären da nicht die Spielverderber von Stiftung Warentest und des ARD-Magazins «Monitor» gewesen. Sie konnten die Botschaft nicht so recht glauben und stellten den Knotentest in einer Monitor-Sendung nach. Auch hier wurde gründlich mit Omo vor- und hauptgewaschen, doch als das Handtuch entknotet wurde, waren die Flecken immer noch drin und fast genauso stark wie zuvor. Es folgte eine juristische Auseinandersetzung, die damit endete, dass das Landgericht Berlin den Omo-Knoten höchstrichterlich verbot.

Status: WAHR

Die Dash-Wette

Legende: Procter & Gamble hat in Anzeigen 1 Kilo Dash gegen 2 Kilo eines anderen Waschmittels zum Tausch angeboten, aber als jemand die Wette annahm, nicht rausgerückt

Auf dem Waschmittelmarkt ging es in den sechziger und siebziger Jahren zu wie auf dem Jahrmarkt, wenn es Freibier gibt. Immer neue Saubermacher buhlten um die Gunst der Hausfrau, und um sich da zu behaupten, kamen die Reklamemacher auf die putzigsten Ideen. Die Fernsehschirme waren in diesen Jahren bevölkert von Weißen Riesen und Weißen Rittern, Weißen Persil-Damen und Weißen Waschbären. Das Lenor-Gewissen, Dash- und Omo-Reporter und unzählige andere weiße Lebewesen hatten alle nur das im Sinn: immer weißere Wäsche. Also kurz gesagt, es tobte ein Kampf um jeden Prozentpunkt Marktanteil.

Für das Procter-&-Gamble-Waschmittel «Dash» schlüpfte 1971 der «Raumschiff Orion»-Kommandant und «Wünsch Dir was»-Moderator Dietmar Schönherr nach Überweisung einer hohen Gage in die Rolle des «Dash-Reporters». In dieser Funktion lauerte er landauf, landab Hausfrauen in Supermärkten auf und machte ihnen ein unmoralisches Angebot: In Fernsehspots und Illustriertenanzeigen offerierte Schönherr für eine Dash-Packung die doppelte Menge eines anderen Waschmittels. Die Frauen mussten dann darauf antworten: «Nein, vielen Dank, ich würde nichts gegen Dash eintauschen, ich bleibe bei Dash.» Hinter dem Scheinangebot verbarg sich der Versuch, Dash-Käuferinnen davon abzuhalten, sich von den vielen Billigangeboten der Konkurrenz erweichen zu lassen. Denn immer häufiger wurden Deutschlands Wäscherinnen von Einzelhändlern mit Sonderpreisen geködert, die bis zu 50 Prozent unter dem sonst üblichen Preispegel lagen.

So weit lief noch alles wie geplant, bis ein Spielverderber in Person des Frankfurter Werbetexters Hans-Joachim Friedrichs den Dash-Leuten das Leben schwer machte. Friedrichs hatte vom Art Directors Club für seine Bundesbahn-Texte bereits eine Goldmedaille verliehen bekommen, war also nicht irgendwer. Und ihm missfiel die Schönherr-Werbung offenbar gewaltig, oder er sah darin zumindestens die Chance, ein bisschen Reklame in eigener Sache zu machen. Friedrichs schaltete auf eigene Kosten mehrere Zeitungsanzeigen, in denen er Schönherr «1 Zentner Dash gegen 2 Zentner Persil o. ä.» zum Tausch anbot.

Auf seine Offerte erhielt er zwar nie eine Antwort, dafür meldeten sich spontan Hunderte von Hausfrauen bei ihm mit der Bitte, bei der Umtauschaktion mit von der Partie sein zu dürfen. Während einige Damen dem Antiwerber ihre Dash-Pakete sogleich ins Haus tragen wollten, begnügten sich andere mit aufmunternden Sprüchen. So begeisterte sich eine Frankfurterin: «Tausche zwei Schönherrs gegen einen Friedrichs. Wie alt sind Sie?»

Nach dem überwältigenden Echo hielt es Friedrichs für geraten, seine Tauschofferte zu erhöhen. Am 2. Oktober 1971 veröffentlichte er ein neues Inserat: «Dietmar Schönherr, bitte melden ...! Ich biete eine Tonne Dash gegen zwei Tonnen eines anderen Waschmittels. Nennen Sie Zeit und Ort der Übergabe!» Doch weder die Dash-Manager noch ihr Showmaster hielten es für opportun, auf die Herausforderung zu reagieren. Nur Dietmar Schönherr musste sich gegenüber dem «Spiegel» rechtfertigen: «Ich habe damit nichts zu tun. Ich mache das, weil ich damit viel Geld verdienen kann.» Und das war wenigstens ehrlich.

Der Vodafone-Flitzer

Legende: Vodafone wurde eine Geldstrafe aufgebrummt, weil die Firma bei einem Rugbyspiel in Australien einen Flitzer aufs Feld geschickt hat

Ein neuer Trend in der Werbung nennt sich Guerillamarketing. Salopp gesagt, verbirgt sich dahinter der Versuch, möglichst viel Werbung zu machen und möglichst wenig dafür zu bezahlen. Lancierte Beiträge in Internetforen sind eine Masche, eine andere spektakuläre Aktionen, die möglichst viel Presseecho bringen sollen.

Manchmal gehen solche Aktionen aber auch nach hinten los. Der Computergigant IBM etwa bekam von der Stadt San Francisco eine Strafe von 100 000 Dollar aufgebrummt, weil er auf belebten Straßen und Plätzen Herzchen und Pinguine in den Firmenfarben aufsprayen ließ. Die Farben waren aber nicht abwaschbar, und Arbeiter mussten über 200 Stunden lang schrubben, bevor alles wie-

der schön sauber war. Ein Schicksal, das auch Telegate auf der Düsseldorfer Kö ereilte, als die Telefonauskunft im Jahr 2002 mit weißer Farbe Werbeslogans auf die Prachtallee aufsprühen ließ. Was die Besitzer der ansässigen Edelshops gar nicht witzig fanden, weil sich die Farbe von den Schuhsohlen betuchter Kunden auf die teuren Teppiche trat. Die Stadt ließ die Sprüche entfernen und schickte Telegate die Rechnung.

Besonders witzig wollte auch Vodafone sein: Am 3. August 2002 beobachteten Tausende von Zuschauern in Sydney das Rugbymatch zwischen den New Zealand All Blacks und den australischen Wallabies. Mitten im Spiel stürmten zwei «Flitzer» auf das Feld, die nichts außer das rot-weiße Logo des Mobilfunk-Konzerns auf dem Rücken trugen. Mit den splitternackten Störern erhöhte Vodafone zwar seinen Bekanntheitsgrad, machte sich aber keineswegs nur Freunde, nicht einmal unter den von Vodafone gesponserten Wallabies. Vor der Unterbrechung bereitete sich ein Spieler nämlich gerade auf einen Strafstoß vor – und verschoss prompt. Was den Fans ziemlich sauer aufstieß. Sauer reagierten auch die Vereine und die Polizei. Der australische Vodafone-Manager Grahame Maher, der dem Flitzer vor dem Spiel zugesagt hatte, eine etwaige Geldstrafe zu begleichen, musste kurzfristig mit einer sechsmonatigen Haftstrafe rechnen. Erst nach Zahlung einer saftigen Geldbuße wurde die Sache dann doch zu den Akten gelegt.

Der Mammut-Spot

Legende: BMW hat sich in Großbritannien lächerlich gemacht, weil sie in einem TV-Spot für die 3er-Serie versehentlich Mammut-DNA eingebaut haben

Lächerlich gemacht hat sich BMW bei der Einführung der 3er-Serie in Großbritannien. In den extra für diesen Anlass kreierten Werbespots wollten die Münchner ihre Tradition und die unbestritten langjährigen Erfahrungen im Autobau herausstreichen. Die Frage war: Wie setzt man das bildlich um? Die beauftragte Agentur kam auf die pfiffige Idee, den Wagen in Form eines DNA-Strangs darzustellen. Dummerweise bediente man sich dabei des erstbesten DNA-Strangs, dessen man habhaft werden konnte, ohne vorher zu recherchieren, von wem der denn eigentlich stammte. Das machte dann ein pingeliger britischer Fernsehzuschauer, der herausfand, dass BMW die DNA von einem behäbigen 10 000 Jahre alten Wollmammut benutzt hatte, das, wie man weiß, seit ewigen Zeiten ausgestorben ist. Und das war nicht gerade das Image, das BMW sich gewünscht hatte. Der Spot wurde abgesetzt.

Audi erging es in Frankreich nicht viel besser. Die französische Rundfunkaufsicht verbot nämlich die Ausstrahlung eines Werbespots für das Modell A4 V6 TDI. Die in dem Filmchen gezeigte Fahrerin rase mit sehr hoher Geschwindigkeit und übertrete geltende Straßenverkehrsbestimmungen, rügte die Aufsichtsbehörde den deutschen Autohersteller. Und dafür gab es Fahrverbot und einen Strafzettel.

Die Fiat-Liebesbriefe

Status: WAHR

Legende: Als Fiat in Spanien Werbebriefe in Form von Liebesbriefen verschickte, dachten viele der angeschriebenen Frauen, ein Psychopath verfolge sie

Eine wirklich nette Werbeidee hatte sich Fiat im Frühling des Jahres 1994 in Spanien ausgedacht. Um der «unabhängigen, modernen und berufstätigen» Spanierin das Modell Cinquecento näherzubringen, verschickte der italienische Autohersteller anonyme Liebesbriefe. Angeschrieben wurden mehr als 50 000 ausgewählte Adressatinnen zwischen 20 und 28 Jahren, von denen man glaubte, dass sie sich gerne den Kleinwagen zulegen würden. Auf rosafarbenem Papier lud ein stiller Liebhaber die Empfängerinnen zu «einem kleinen Abenteuer» ein, nachdem «wir uns gestern wieder auf der Straße begegnet sind und ich gespürt habe, wie Du interessiert zu mir herübergeschaut hast». In einem später zugestellten Brief gab sich der Verehrer dann als der neue Fiat Cinquecento zu erkennen.

Nach Berichten von «El Pais» war die Reaktion aber nicht die erhoffte. Die Zeitung schrieb, dass viele Frauen sich durch die Briefe bedroht fühlten, als wären sie einem Psychopathen aufgesessen, und es kam zu zahlreichen Eifersuchtsszenen bei Eheleuten.

Auch nicht gut kamen Wahlpropagandabriefe der CDU von 1956 an. Die gingen an alle erwachsenen Einwohner der Stadt Münster und waren mit der Anschriftenstempelmaschine und den amtlichen Anschriftenstempeln der Stadtverwaltung adressiert worden, mit denen zum Beispiel die Lohnsteuerkarten bedruckt werden. In den CDU-Briefen war aber neben der Staatsangehörigkeit der Empfänger auch deren Geburtsdatum angegeben, wogegen zahlreiche Frauen empört protestierten.

Status: WAHR

Staubsauger statt Job

Legende: Die Firma Progress versuchte, Bewerbern in Absageschreiben einen Staubsauger zu verkaufen

Die Staubsaugerbranche hat ja nicht gerade den besten Ruf. Was sich im Jahr 1993 einmal mehr bestätigte. Neue Wege der Absatzförderung beschritt damals der bekannte Hersteller «Progress». Bewerber erhielten zwar keinen neuen Arbeitsplatz, aber folgendes Absageschreiben:

«Leider müssen wir Ihnen mitteilen, dass wir Ihre Bewerbung aus der Vielzahl der bei uns eingegangenen Schreiben nicht in die engste Wahl nehmen konnten und uns für einen Mitbewerber, dessen Profil unseren Anforderungen noch besser entsprach, entschieden haben. (...) Als kleines Dankeschön möchten wir Ihnen jedoch unser Spitzen-Akkugerät, den ‹Duosauger›, den Sie vielleicht aus Funk oder Fernsehen kennen, zum halben Preis anbieten. Der ‹Duosauger› ist ein Stielsauger mit Bürstenwalze und herausnehmbarem Handgerät. Er kostet einmalig für Sie DM 80,– statt DM 159,–.»

Peinliche Autonamen

Das Pajero-Desaster

Status: **TEILWEISE WAHR**

Legende: Der Mitsubishi Pajero wurde in Spanien zur Lachnummer, weil ein «Pajero» im Spanischen ein «Wichser» ist

Legendär sind die Namenspannen der Automobilindustrie. Immer wieder werden die Neuschöpfungen zu Lachnummern, und die Liste der Peinlichkeiten ist lang: Wer sich etwa in Finnland mit einem Fiat Uno auf die Straße wagt, der ist mit einem Trottel unterwegs. Uno klingt wie das Wort «Uuno», und das ist der finnische Begriff für einen Dummkopf. Die Besitzer eines Fiat Regata in Schweden fahren eine streitsüchtige alte Frau, und auch in Deutschland will sich nicht unbedingt jeder mit einer Fregatte in der Öffentlichkeit sehen lassen, auch wenn die aus Bella Italia kommt.

In Spanien ist «Laputa» von Mazda ein merkwürdiger Name für einen Minivan, weil «La puta» im Spanischen eine Prostituierte ist. Der Nissan Moco kam ebenfalls nicht gut an, das Wort bedeutet nämlich «Rotz», ein Rotz-Nissan sozusagen. Beim Nissan Serena fragt man sich: Wer war zuerst da – das Auto oder die Damenbinde? Um nur einige Beispiele zu nennen. Das Risiko ist immer, irgendwo auf der Welt wird es mit Sicherheit irgendeinen Dialekt geben, wo das schöne neue Phantasiewort ähnlich wie Schwachkopf, Pups oder alter Schwerenöter klingt.

Die berühmteste aller Namenspannen unterlief Mitsubishi mit dem Pajero. Die halbe Welt lachte über die Japaner, als die 1982 den Geländewagen in Spanien und Lateinamerika an die Käufer bringen wollten. Das Fahrzeug wurde nach einer Unterart der südamerikanischen Pampaskatze (Oncifelis colocolo ssp. pajeros) benannt, die in unwegsamen Gebirgszügen Südamerikas lebt und unter Zoologen auf den Kurznamen «Felis Pajeros» hört. Blöd war nur, dass «pajero» (ausgesprochen: pachero) im Spanischen ein ziemlich unanständiger Ausdruck für jemanden ist, der sich selbst befriedigt. Das Auto floppte und wurde in spanischsprechenden Ländern in das ebenso abenteuerlich klingende, aber völlig unverfängliche «Montero» (Jäger, Weidmann) umbenannt.

Und der größte Teil der Geschichte hat sich wirklich so zugetragen, auch wenn im Nachhinein noch ein paar Details hinzugedichtet wurden, damit die Pointe besser sitzt. Ein Auto «Pajero» zu nennen, ein Wort, das selbst nicht spanischsprechenden Menschen spanisch vorkommt, ohne vorher die Bedeutung abgeklärt zu haben, ist schon eine ziemlich dumme Wahl. Das ist unbestritten, aber anders als immer wieder behauptet wurde der Pajero nie unter diesem Namen in Spanien oder Lateinamerika verkauft, sondern hieß dort von vornherein Montero, weil die spanischen Händler die Bedeutung natürlich kannten.

Genau genommen, und das ist die zweite kleine Einschränkung, wird das Wort im Spanischen auch nicht derart aggressiv benutzt wie im Deutschen oder Englischen. «Pajero» kommt von «paja», dem Strohhalm, weil beide, der Strohhalm und der Penis, die Form eines Rohres haben. Für die Spanier ist «Pajero» eher ein Spottwort für einen Mann ohne Hoden. Wobei der Begriff nicht überall die gleiche Bedeutung hat. Auf den Kanarischen Inseln etwa ist ein Pajero ein Strohhändler oder ganz allgemein ein Begriff für eine Scheune. In Kolumbien und Guatemala ist der «paja» ein «Abflusshahn» und in Nicaragua ist «pajero» der Begriff für einen Klempner oder Rohrleger. In Costa Rica bedeutet «paja» einfach so viel wie «bullshit», und in Chile steht das Wort für einen Faulpelz, der keine Lust auf Arbeit hat. Was ja auch alles keine besonders gelungenen Umschreibungen für einen sportlichen Geländewagen sind.

Status: WAHR

Der Scheiß-Toyota

Legende: Die Abkürzung MR2 von Toyota klingt wie das französische Wort für «Scheißer»

Ganz auf Nummer sicher gehen wollte Toyota, als die Japaner ihren neuen Roadster «MR2» tauften. Die zweite Generation des kleinen zweisitzigen Sportwagens wurde zwischen 1989 und 1999 gebaut, und die Abkürzung steht für das Wortungetüm «Mid-Engined Rear-Wheel Drive Two-Seater», zu Deutsch in etwa «Mittelmotor-Heckantrieb-Zweisitzer». Ein Kürzel, das eigentlich weltweit bedeutungsfrei sein und keinen Raum für negative Assoziationen lassen sollte.

Würde man denken, dem war aber nicht so. Denn bei unseren Nachbarn in Frankreich bekam das kryptische Kürzel plötzlich einen unschönen Beigeschmack: Schnell ausgesprochen hört es sich wie «M-er-de» an, und das Wort «Merdeux» heißt so viel wie «Scheißer» oder «Rotzlöffel». Seitdem hört das Auto bei den Franzosen nur noch kurz und knapp auf den Namen «MR».

Verwechslungsgefahr besteht auch beim Kleinwagen Yaris vom gleichen Hersteller, denn schon vor dem Modell gab es einen «Jaris» für knapp dreißig Euro. Allerdings nicht als Dreitürer, sondern als Pantoletten mit Klettverschluss. Und auf dem japanischen Markt kann man zwar ein Auto namens «Opa» einführen, wie Toyota dies tat, in Deutschland aber wohl besser nicht.

Der Chevy, der nicht fährt

Legende: Der Chevy Nova floppte in Latein-amerika, weil «no va» im Spanischen wie «geht nicht» oder «fährt nicht» klingt

Ganz oben in der Hitliste der misslungensten Autonamen landet auch immer der Chevy Nova (oder alternativ der Lada Nova). Der soll in Lateinamerika einen fürchterlichen Flop hingelegt haben, weil die leicht veränderte Schreibweise «no va» im Spanischen so viel wie «geht nicht» oder «fährt nicht» heißt. Was ja auch wirklich unpassend für ein Kraftfahrzeug wäre. Beschämt taufte General Motors die Limousine in «Caribe» um, und erst seitdem verkaufte das Auto sich besser.

Die amüsante Erzählung hat zwar inzwischen Kultstatus, weist aber einen kleinen Schönheitsfehler auf: Sie ist von vorne bis hinten frei erfunden. Weder stimmt die Anekdote um die missverstandene Bedeutung von «no va», noch hat Chevy jemals ein Modell mit Namen Caribe herausgebracht.

Der erste Chevy Nova kam in den USA 1962 auf den Markt und wurde unter anderem dadurch bekannt, dass die amerikanische Polizei lange Zeit diese Marke fuhr. Wenn Detective Lieutenant Mike Stone und Inspector Steve Keller in den siebziger Jahren auf Verbrecherjagd durch die Straßen von San Francisco rasten, taten sie das meist in einem Chevy Nova. Aber das nur nebenbei, und zwischen 1972 und 1978 wurde der Wagen dann auch in Mexiko, Venezuela und Puerto Rico angeboten. Anders als immer behauptet verkaufte sich das Auto unter diesem Namen besonders in Venezuela blendend und war eines der erfolgreichsten Modelle überhaupt in diesen Jahren. Auch die angebliche Umbenennung in Caribe ist ein Märchen. Der Modellname Nova wurde in allen lateinamerikanischen Ländern stets beibehalten, und der Caribe war kein Chevy,

A WANTED CAR.

In color. and black and white.

For 16 years now, Chevy Nova's been an America's favorite.

Over 3½ million of these have been bought by satisfied people like you and the Smiths and the Joneses.

Nova's also become the policeman's friend. For the last three years Nova's been the number-one selling compact police car in America. Police departments in 47 states of the

Union are now driving Novas. Certainly, some of the things they like about Nova are the same things you and the Smiths and the Joneses like about Nova.

Namely, a strong, handsome car that starts when you want it to, rides comfortably all day long, and keeps going on and on from one day to the next.

The Chevy Nova. It's a wanted car. Now more than ever.

Chevrolet

CHEVY NOVA

sondern der erste VW Golf in Mexiko.

Was stimmt, ist, dass «no va» im Spanischen wirklich «geht nicht» oder «fährt nicht» bedeutet. Damit hört es aber auch schon auf, denn «nova» und «no va» werden völlig unterschiedlich ausgesprochen: Bei «no va» liegt die Betonung auf dem zweiten Wort, bei «nova» dagegen auf der ersten Silbe. Was im Spanischen einen großen Unterschied ausmacht, und kein Spanier würde «no va» in Zusammenhang mit einem liegengebliebenen Auto benutzen. Er würde stattdessen beispielsweise «no marcha», «no funciona» oder «no camina» sagen.

In Mexiko verkaufte die staatseigene Ölfirma «Pemex» in den siebziger Jahren Benzin unter dem Markennamen «Nova». Und wenn die Mexikaner keine Probleme damit hatten, ihren Tank mit einem Kraftstoff zu füllen, der nicht fährt, warum sollten sie dann Bedenken bei einem gleichnamigen Fahrzeug haben?

Der falsche Hengst

Legende: Der Mitsubishi Starion sollte eigentlich «Stallion» wie «Hengst» heißen, aber weil die Japaner kein «r» sprechen könnten, dachten die Amerikaner, sie meinten «Stallion»

Eine schöne Geschichte rankt sich um den Mitsubishi Starion. Angeblich trägt der auch in Deutschland unter dieser Typenbezeichnung vertriebene Sportwagen den falschen Namen und müsste eigentlich nicht Starion, sondern «Stallion» heißen, wie das englische Wort für «Hengst».

Die Verwechslung war der Legende nach das Resultat eines japanisch-amerikanischen Verständigungsproblems: Als das Auto erstmals 1983 in den USA angeboten wurde, konnten sich die Japaner bis zuletzt nicht auf einen Namen einigen. Erst in letzter Minute entschied man sich für «Stallion». Unter anderem auch, weil das Modell ein Nachfolger des sehr erfolgreichen Mitsubishi Colt war, und ein feuriger Hengst zum Colt wäre da ja durchaus naheliegend. Dann musste alles schnell gehen, und «Stallion» wurde telefonisch nach Übersee durchgegeben. Dort soll es dann zu einem folgenschweren Missverständnis gekommen sein. Japaner sprechen ja bekanntlich das «r» wie ein «l», und der Mensch am anderen Ende der Leitung dachte, der Turbolader solle «Starion» heißen. Als man den Fehler bemerkte, war die Kampagne schon angelaufen, zu spät, um den Namen noch einmal zu ändern.

Natürlich ist an der drolligen Erzählung nichts dran. Niemand würde mal eben so den Namen eines neuen Modells per Telefon an den Praktikanten in den USA durchgeben und dann die Verkaufsmaschine anlaufen lassen. Wann und wie die Geschichte aufkam, weiß man auch nicht, aber trotzdem ist sie in den Vereinigten Staaten sehr populär und wird seit Jahren in den großen Autozeitschriften und diversen Internetforen ausgiebig und ernsthaft diskutiert. Und wahrscheinlich hat auch Mitsubishi die Legende selbst kräftig mit angeheizt, schließlich brachte sie ja viel Publicity.

Starion selbst ist als eine Kombination von Star und Orion gedacht, im Sinne von «Star of Orion». Andere Modelle, die gleichzeitig auf den Markt kamen, hatten ähnlich geheimnisvolle Namen: Der «Tredia» etwa spiegelte die drei Diamanten des Mitsubishi-Logos wider, und der «Cordia» war eine Kombination von «cordorite» (ein Mineral) und «diamond».

Ford kleiner Pimmel

Legende: Der Ford Pinto kam in Brasilien nicht gut an, weil «Pinto» im Portugiesischen «kleiner Penis» bedeutet, und musste in «Corcel» umbenannt werden

Ein weiterer Klassiker unter den peinlichen Autonamen ist der Ford Pinto, ein Vetter des berühmten Sportwagens Mustang. Hier geht die Erzählung so: Als der Kleinwagen Anfang der siebziger Jahre in Brasilien auf den Markt kam, soll er für viel Heiterkeit gesorgt haben. Pinto hat im Portugiesischen nämlich zwei Bedeutungen: Küken und Penis. Wobei die Verwendung der Vokabel – und damit wäre schon einmal ein kleiner Teil der Legende widerlegt – als Bezeichnung für einen Penis nichts mit dessen vermeintlicher Größe zu tun hat, sondern ein allgemein verwendetes Wort ist. Ein kleiner Penis hätte die Verniedlichungsform «pintinho». Und da die brasilianischen Autofahrer wenig Lust verspürten, mit einem Schwanz auf Rädern unterwegs zu sein, änderte Ford den Namen in «Corcel», was ganz allgemein und ohne Doppelsinn «Pferd» bedeutet. Seitdem stiegen auch die Absatzzahlen.

Tatsächlich ist an dieser Darstellung, um es auf den Punkt zu bringen, von vorne bis hinten wirklich alles falsch. Die Vokabel «Pinto» steht in Brasilien für einen «Penis», das ist richtig. Richtig ist aber auch, dass das Fahrzeug in Brasilien niemals unter diesem Namen verkauft wurde – abgesehen von einigen Importautos vielleicht. Und auch der «Corcel» hatte mit dem Pinto nicht das Geringste zu tun, sondern war das Resultat eines Joint Venture mit Renault.

Damals, also in den siebziger Jahren, gab es in Brasilien eine Niederlassung des US-amerikanischen Autobauers «Willys Overland Motors», der seine Fahrzeuge unter den Namen Willys, Aero-Willys, Overland und Jeep vertrieb. Im brasilianischen Werk baute die Firma hauptsächlich Renaults unter Lizenz, die ausschließlich in Brasilien, Chile und Venezuela verkauft wurden, und der Corcel war ein gemeinsames Projekt der brasilianischen Außenstelle mit den Franzosen. Ford erwarb dann das Brasilien-Geschäft von Willys, erbte dabei das fast serienreife Auto und beschloss, es unter eigener Regie zu vermarkten. Vielleicht hat irgendein schlauer Manager damals in Detroit sogar überlegt, den Namen Pinto zu benutzen, aber man entschied sich für «Corcel». Pinto als Typenbezeichnung wurde niemals in Brasilien gebraucht.

Der Corcel war auch ein großer Erfolg, er wurde länger als ein Jahrzehnt produziert und die Palette erweitert durch einen Kombi namens «Belina», eine zweite Generation «Corcel II», eine Luxusversion «Del Rey» und einen Pick-up mit dem schönen Namen

«Pampa». In den frühen achtziger Jahren bestand fast die gesamte Produktion von Ford in Brasilien aus Autos, die auf dem Corcel basierten.

Aber wie kam die Legende auf? Wie solche Geschichten eben entstehen. Es war nur eine Frage der Zeit, bis jemand begann, mit der portugiesischen Bedeutung von Pinto flache Witze zu reißen. Und wo spricht man Portugiesisch? In Brasilien. Dann wurde noch die Sache mit dem Corcel dazugedichtet, und um die Geschichte noch ein wenig abzurunden, ist im Laufe der Zeit aus dem Penis ein kleiner Penis geworden.

Status: FALSCH

Der Pechsträhnen-Jetta

Legende: Der VW Jetta bekam in Italien einen neuen Namen, weil er wie «Iella», die Pechsträhne, aussieht

«Jetta» leitet sich von «Jetstream» ab, einem starken Luftstrom in der Tropo- oder Stratosphäre. In den USA hat die Limousinenversion des Golf Kultstatus, in Europa konnte sich das Auto dagegen nie richtig durchsetzen, und in Italien sollen zusätzlich Namensprobleme Volkswagen zu schaffen gemacht haben. Den Buchstaben «J» kennt das italienische Alphabet nämlich nicht, deshalb sieht «Jellà» wie «Ietta» aus, und das bedeutet so viel wie Unglück oder eine Pechsträhne.

Im Italienischen gibt es offiziell wirklich kein «J». Trotzdem wird der Buchstabe benutzt, etwa bei Namen wie «Jacopo». Und nach Auskunft von Fachleuten bedeutet Jetta für sich genommen überhaupt nichts, wird anders ausgesprochen als «iella» und ist weder mit dem Unglück noch mit einer Pechsträhne assoziiert. Jetta ist nur Teil von Wörtern wie «jettatore» (ein bösartiger Mensch), und einzig im Dialekt Neapels und in einigen Gegenden Süditaliens könnte es zu Missverständnissen kommen, denn dort steht «Jetta» umgangssprachlich für «Wirf es weg».

Umbenannt wurde der Jetta in Italien aus dem gleichen Grund wie überall in Europa: weil er sich nicht gut verkaufte. Die dritte und vierte Generation hieß «Vento» beziehungsweise «Bora». Womit doch noch eine Pointe abgeliefert werden kann: «Vento» bedeutet auf italienisch Wind oder Fahrtwind, wird aber auch gerne für einen «Furz» benutzt.

Status: WAHR

Der Schuppen-Smart

Legende: Der Smart Forfour klingt für Italiener wie das italienische Wort für «Schuppen»

Der Viersitzer von Smart heißt «Forfour», damit auch jeder, der nur ein wenig Englisch versteht, auf Anhieb den Produktvorteil begreift. Für italienische Ohren klingt «forfour» jedoch ähnlich wie «forfora». Mit «forfora» kommt man allerdings nicht flott von Punkt A nach Punkt B, sondern geht zum Friseur oder zum Haarewaschen unter die Dusche. Das Wort bedeutet auf Italienisch «Schuppen».

Doppeldeutig ist der Name des «Vaneo» von Konzernmutter Mercedes. Den kann man nämlich wahlweise mit vier Rädern oder drei Lagen kaufen. Ein Klopapierhersteller aus Bayern hatte sich das Kunstwort bereits vor Daimler schützen lassen, ließ sich dann aber (wahrscheinlich durch die Überweisung einer größeren Geldsumme) davon überzeugen, dass ihm mit dem Minivan keine

Konkurrenz in seinem Kerngeschäft erwachsen ist. Und in Kanada zeigte Mercedes wenig Feingefühl, als es den Namen des «Grand Sport Tourer» auf die Anfangsbuchstaben «GST» verkürzte. Dort ist «GST» nämlich die Abkürzung für eine verhasste Steuer auf Waren und Dienstleistungen.

Mythen

Die geheime Coca-Cola-Formel

**Status:
FALSCH**

Legende: Die geheime Coca-Cola-Formel
kennen nur zwei Personen und jede von ihnen
nur die Hälfte

Sicher wie die Goldbarren in Fort Knox lagert die Coca-Cola-Formel seit 1925 in einem Banktresor der Sun Trust Company in Atlanta. Offiziell trägt die Niederschrift des Originalrezepts von John Pemberton aus dem Jahr 1886 den Namen «Formel 7 × 100», und Coca-Cola macht von jeher ein großes Brimborium um die Mixtur. Angeblich soll es im Konzern eine Regel geben, dass nur zwei lebende Personen gleichzeitig die Formel kennen dürfen und jeder von ihnen auch nur die Hälfte. Denen wiederum ist es streng verboten, gemeinsam in einem Flugzeug zu reisen.

Das klingt ein bisschen wie eine Geschichte aus einem Hollywood-Drehbuch und ist es letztendlich auch. Das Märchen um die geheimen Geheimnisträger wurde von Coca-Cola schon in den zwanziger Jahren des vergangenen Jahrhunderts in die Welt gesetzt und war von Anfang an nichts als eine PR-Masche, um der Limonade den Nimbus des Außergewöhnlichen zu verleihen. Denn was so geheim ist, muss ja etwas Besonderes sein. Besonders ist aber nicht die Formel, sondern nur der Zirkus, der um sie veranstaltet wird.

Selbst wenn jemand auf verschlungenen Pfaden irgendwie in den Besitz des Rezepts kommen würde, könnte der nämlich herzlich wenig damit anfangen. Niemand, der die Mischung analysieren und kopieren würde, wäre in der Lage, das Getränk unter dem Namen Coca-Cola zu verkaufen. Der ist geschützt, und ohne den Markennamen ist die Formel wertlos. Das Geheimnis von Coca-Cola ist nicht der Geschmack, sondern die Marke und das Marketing.

In die Welt gesetzt hat die Legende der Geschäftsmann Ernest Woodruff. Zusammen mit einer Gruppe von Investoren übernahm er 1919 die Coca-Cola Company und machte 1923 seinen Sohn Robert zum Präsidenten. Woodruff war ein listiger Werbefuchs und wusste, wenn er ein großes Mysterium um die Formel stricken würde, würde das für viel Aufmerksamkeit sorgen. Deshalb ließ er 1925 die angeblich einzige niedergeschriebene Kopie der Pemberton-Mixtur von einer New Yorker Bank (wo sie als Sicherheit für einen Kredit hinterlegt war) in das Schließfach einer Bank in Atlanta bringen, wo auch er sein Konto hatte.

Aber das war nur der erste Schritt. Noch im selben Jahr gab Woodruff eine Anweisung heraus, dass niemand die Formel in Augenschein nehmen dürfe, wenn nicht entweder der Präsident oder der Geschäftsführer anwesend war. Weiterhin durften nur zwei Mitarbeiter gleichzeitig die Formel kennen, das nur jeweils zur Hälfte, und ihre Namen durften nicht offengelegt werden, aus welchem Grund auch immer. Den zwei Geheimnisträgern wiederum war es untersagt, gemeinsam in einem Flugzeug zu fliegen.

Einen zwingenden Grund hinter diesen Regeln gab es nie. Wozu die Anweisung mit dem Flugzeug, wenn das Original sicher im Safe lagert und jederzeit im Falle eines Falles eingesehen werden könnte? Und warum hängten Coca-Colas Werbemannen die Geschichte an die große Glocke und verbreiteten sie überall in den Medien, wenn nicht, um Aufmerksamkeit zu bekommen. Die Firma soll damals mindestens vier Angestellte beschäftigt haben, die im Schlaf wussten, wie man den Sirup herstellt, und eine Handvoll anderer Mitarbeiter, von denen man ebenfalls annahm, dass sie die

Formel kannten. Aber die pfiffige Marketingmasche zog, denn bis heute hat sich die Legende gehalten.

Im Laufe der Jahre behaupteten immer wieder Leute, eine schriftliche Kopie der Formel in ihren Besitz gebracht zu haben. Von Coca-Cola wurden sie alle als nicht authentisch abgetan. Aufsehen erregte dann 1993 der Autor Mark Pendergrast, der in seinem Buch «For God, Country und Coca-Cola» eine angebliche Kopie des Originalrezepts von John Pemberton abdruckte. Entdeckt haben will er die während seiner Recherchen in den Firmenarchiven.

John Pemberton bewahrte seine Rezepte in Formelbüchern auf, und nach seinem Tod fiel, so wird es behauptet, eines davon in die Hände eines jungen Mitarbeiters namens John P. Turner. Nach dessen Ableben wiederum präsentierte – ebenfalls laut Hörensagen – im Jahr 1943 Turners Sohn einigen hochrangigen Coca-Cola-Vertretern das Buch seines Vaters und übergab es an die rechtmäßigen Besitzer (wahrscheinlich nach Überweisung einer größeren Geldspende), und seitdem wurde das Werk nie wieder gesehen.

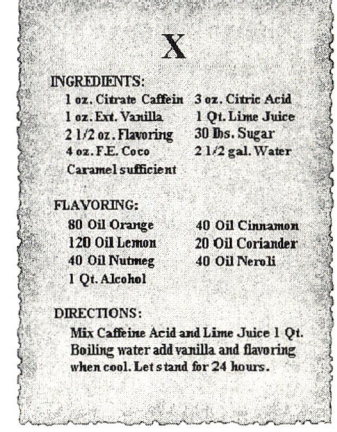

Pembertons Originalmixtur nach Pendergrast:

Womit wir wieder bei Pendergrast wären. Der behauptete, beim Stöbern in den Archiven auf eine Seite mit einem großen X am Seitenanfang gestoßen zu sein, und war sich sicher, dass es sich nur um Pembertons Originalformel handeln konnte. Coca-Cola tat Pendergrasts Veröffentlichung, wie nicht anders zu erwarten war, als falsch ab. Was aber nicht weiter von Bedeutung ist, da nachweislich sowieso zwischen 1886 und 1920 Veränderungen an der Originalmixtur vorgenommen wurden. Zu Beginn des Jahrhunderts war Coca-Cola wegen des in der Brause enthaltenen Kokains unter Beschuss gekommen und musste das Rezept ändern. Die Behauptung, dass 1985 Pembertons Mixtur zum ersten Mal seit 99 Jahren verändert wurde, kann man also sowieso ins Reich der Märchen verbannen.

Heute steht die Formel für jedermann frei zugänglich im Internet. Allerdings wird nicht verraten, wie die einzelnen Zutaten hergestellt und das Getränk zusammengekocht wird.

Status: WAHR

Die leichte Damenzigarette

Legende: Die Marlboro war vor dem Marlboro-Cowboy eine «leichte Damenzigarette» und sollte eigentlich wegen Erfolglosigkeit eingestellt werden

Seit 1963 bestreitet der Marlboro-Cowboy das letzte Rückzugsgefecht des Mannes als Planer, Macher und Abenteurer und hat die Kippe zum meistgerauchten Sargnagel der Welt gemacht. Zwei der Darsteller sind inzwischen an Lungenkrebs verstorben, aber das ist eine andere Geschichte. Erfunden hat den «Marlboro Man», wie er in den USA genannt wird, Leo Burnett, einer der bekanntesten Werbemänner Amerikas, im Jahr 1954. Es dauerte allerdings noch einige Zeit, bis er sich durchsetzen konnte.

Dass Burnett ausgerechnet auf einen harten Mann als Werbefigur verfiel, hatte seinen Grund. Die Marlboro war nämlich über 100 Jahre als leichte Damenzigarette, als «Ladies Favourite», verkauft worden, und die Marke sollte eigentlich zu Beginn der fünfziger Jahre eingestampft werden. Dann nahm Burnett der Zigarette, wie er es ausdrückte, ihr «weibisches und schwules Image», und seitdem ging es bergauf.

Die Marlboro gibt es seit 1854. Im Jahr 1847 machte ein gewisser Philip Morris einen kleinen Tabakladen in der Londoner Bond Street auf. Seine Spezialität war eine noch namenlose Hausmischung, die so gut ankam, dass er ihr sieben Jahre später den Namen Marlborough nach dem Duke of Marlborough gab. Verkauft wurde die Marlborough ausschließlich an Damen, er selbst bezeichnete sie als «Ladies Favourite», als sehr leichte Damenzigarette. 1922 übernahmen dann die Amerikaner die Marke und den Namen Philip Morris, tauften die Zigarette in Marlboro um und ließen ansonsten alles beim Alten. In Deutschland wurde lange mit dem Slogan «Mild wie der Mai» geworben, und der besondere Clou waren die Filter, einer elfenbeinfarben, der andere ein roter «Red Beauty Filter», auf dem Lippenstiftspuren nicht zu erkennen waren. Der Verkaufserfolg war überschaubar, der Marktanteil lag gerade einmal bei 0,25 Prozent.

Auch deshalb sollte die Produktion eigentlich Anfang der fünfziger Jahre eingestellt werden. Bei Philip Morris entschied man sich aber für einen letzten Rettungsversuch und engagierte Leo Burnett aus Chicago. Dem gefiel, wie schon erwähnt, das feminine Image der Zigarette überhaupt nicht, und er beschloss, ihr ein männliches Outfit zu verpassen. Dass es dann schließlich ein Cowboy wurde, war Zufall und lag an dem Testmarkt Dallas in Texas, weil da der Gedanke an die weite Prärie irgendwie in der Luft hing.

Der Markterfolg ließ dann noch rund zehn Jahre auf sich warten. Der Cowboy kam in den technikgläubigen fünfziger Jahren nicht richtig an, und so experimentierte Burnett die nächsten Jahre mit allerlei echten Männern, wie Tiefseetauchern, Stuntmen, Hochseefischern, Marine- und Testpiloten. Alles harte Kerle, aber alles auch echte Flops. Der Marktanteil dümpelte weiter im einstelligen Bereich, und ein zweites Mal sollte die Fabrikation eingestellt werden. Dann

kam Burnett aber 1964 auf die geniale Idee, einen Kinospot mit dem Cowboy mit der Musik aus dem Film «Die glorreichen Sieben» zu unterlegen. Der Werbefilm schlug ein, binnen kürzester Zeit wurde die Marlboro zum erfolgreichsten Glimmstängel der Welt mit der am längsten laufenden Werbekampagne überhaupt.

Marktforschungsergebnisse in jenen Jahren hatten gezeigt, dass 65 Prozent der Raucher ihrer Zigarette treu blieben, obwohl sie in Tests die eine Kippe nicht von der anderen unterscheiden konnten. Das war ganz offensichtlich auch bei der Marlboro so, denn die Tabakmischung, für die der Marlboro-Cowboy sein Pferd sattelt, war mit leichten Variationen die gleiche geblieben wie die der einstigen leichten Damenzigarette. Also kann man ruhigen Gewissens behaupten, wenn man denn schon so gehässig sein will, dass harte Marlboro-Männer eigentlich eine «Ladies Favourite» qualmen.

Den Leserinnen der «Emma» war das ganz offensichtlich nicht bekannt. Ende der siebziger Jahre versuchte nämlich Philip Morris, eine Anzeigenserie in dem Frauenblatt mit dem Marlboro-Cowboy zu lancieren. Die Werbung wurde allerdings von Herausgeberin Alice Schwarzer gestoppt. Empört über den «Macker von der hartgesottenen Sorte, der den Mädels im Salon auf den Hintern knallt», hatten Emma-Leserinnen die Zeitschrift abbestellt.

Der miese Pillen-Trick

Legende: Alka-Seltzer verdoppelte seine Verkäufe dadurch, dass es seinen Kunden riet, zwei statt einer Tablette zu nehmen, obwohl zuvor immer davon abgeraten worden war

Jeder angehende Reklamefachmann lernt erst einmal, dass es die Aufgabe der Werbung ist, Bedürfnisse zu wecken, wo vorher keine waren, und Konsumenten dazu zu bringen, Produkte zu kaufen, die sie eigentlich gar nicht brauchen. Und sind die Märkte erst einmal gesättigt (wie es so schön im Marketing-Deutsch heißt), dann muss die Kundschaft dazu bewegt werden, mehr von der angebotenen Ware zu verbrauchen. Ein cleverer Unternehmer konnte zum Beispiel die Umsätze eines Shampoos fast verdoppeln, indem er auf die Flaschen die Anweisung «Schäumen, Spülen, Wiederholen» drucken ließ. Die Verbraucher taten wie geheißen, und die Umsätze gingen nach oben. Besonders pfiffig ist auch der Trick, Hot Dogs in Gläsern mit acht Würstchen anzubieten, die dazugehörigen Brötchen aber im Zwölferpack. Was ja zwangsläufig Folgekäufe nach sich zieht.

Der Erste, der diese Art von Marketing im größeren Stil betrieb, war Henry Ford in den zwanziger Jahren des vergangenen Jahrhunderts. Damals steckte die Autoindustrie das erste Mal in einer Absatzkrise. Ford bot nur ein einziges Modell an, das berühmte Model T, und jeder, der sich ein Auto leisten konnte, hatte bereits eins. Um die Verkäufe anzukurbeln, begann Ford, jährlich kleine Details am Auto zu verändern, und weckte so Begehrlichkeiten, sich öfter mal ein neues Auto zuzulegen, schließlich wollte man ja mit dem Nachbarn mithalten, der das Modell mit der revolutionären neuen Scheibenwischanlage bereits in der Garage stehen hatte.

Absatzprobleme hatte auch Alka-Seltzer Anfang der sechziger

Jahre. Bei jungen Leuten galt die Kopfschmerztablette als wenig angesagt, die Kunden waren überwiegend älteren Jahrgangs, und für alle anderen galt Alka-Seltzer als Tablette für Leute, die zu viel trinken und essen, und war nur dazu geeignet, einen Kater auszukurieren. Auch die Werbung trug nicht gerade dazu bei, diesen Ruf zu verbessern. Es ging immer nur um eins: Schmerzen, Schmerzen, Schmerzen.

Ändern sollte sich das erst durch eine Kampagne der Agentur Tinker & Partners, die eine Reihe von Fernsehspots entwarf, in denen Gründe genannt wurden, Alka-Seltzer zu nehmen. Einer dieser 16 Werbefilme basierte auf dem «Alka-Seltzer auf Eis»-Thema, in dem zwei Tabletten in ein Wasserglas fielen. Zuvor war zwar jahrzehntelang ausdrücklich empfohlen worden, nur ein Alka-Seltzer zu nehmen, aber die Kreativen hatten extra einen Arzt konsultiert, der wunschgemäß bestätigte, dass – man glaubt es kaum – zwei Alka-Seltzer besser wirken als eine. Auch das Problem mit der Verpackung, auf der immer noch zu lesen stand, man solle nur eine Tablette auf einmal nehmen, wurde durch eine neu entworfene Zweierpackung schnell gelöst.

Der Imagewandel gelang, und Alka-Seltzer wurde zur Kopfschmerztablette Nummer eins in der Welt. Der Umsatz verdoppelte sich zwar nicht ganz, stieg aber durch den neuen Portionierungsvorschlag rapide an. Das Motiv der beiden ins Wasser plumpsenden Tabletten wird seitdem als «Key Visual» in jedem Spot eingesetzt und wurde zum Markenzeichen, gemeinsam mit dem dazugehörigen Zischton und dem berühmten Jingle «Plp, plop, fizz, fizz». Alle Verbraucher dachten auf einmal, sie hätten schon immer zwei Alka-Seltzer benutzt.

Status: WAHR

Der Haribo-Slogan

Legende: Hans Riegel erwarb den berühmten Haribo-Slogan «Haribo macht Kinder froh» für 50 Reichsmark von einem vorbeiziehenden Vertreter

Am 13. Dezember 1920 gründete Hans Riegel die Firma Haribo. Der Name ist ein Akronym für «Hans Riegel Bonn», und Riegels ganzes Startkapital bestand aus einem Sack Zucker, mit dem er Bonbons kochte. Der Durchbruch kam dann 1922. Riegel hatte die großartige Idee, Fruchtgummi in die Form eines Tanzbären zu packen, der von Hand in Form gegossen wurde. Die Tagesproduktion betrug damals einen Zentner, und Ehefrau Gertrud lieferte die Ware mit dem betriebseigenen Fahrrad aus. Der Vorgänger des heutigen Goldbären war noch etwas größer und schlanker als seine Enkel. Heute würden allein die binnen eines Jahres in Deutschland weggeputzten Goldbären aneinandergereiht eine Kette ergeben, die dreimal um den Globus reicht.

Berühmt wurden die Goldbären in Deutschland durch den Slogan «Haribo macht Kinder froh und Erwachsene ebenso», der noch bis vor wenigen Jahren der bekannteste deutsche Werbespruch überhaupt war. Die Entstehung war dagegen eher Zufall. Der Sohn des Firmengründers berichtete 2007, dass ein durchreisender Vertreter zu seinem Vater gekommen sei und ihm gesagt habe, er habe einen Spruch für ihn und wolle dafür 50 Reichsmark. Hans Riegel stimmte zu, dann sagte der Vertreter: «Haribo macht Kinder froh!», nahm das Geld und ging wieder. Das war's. Der entscheidende Zusatz «und Erwachsene ebenso» kam allerdings erst rund dreißig Jahre später hinzu. Im Jahr 1962 setzte die Firma erstmals auf das neue Medium Fernsehen, und speziell für diesen Anlass entdeckte man, dass nicht nur die Kinder gern in die Tüte greifen. Wie auch Thomas Gottschalk seit Ende der achtziger Jahre nicht müde wird zu betonen.

Status: WAHR

Der Käfer-Slogan

Legende: Der berühmte VW-Käfer-Slogan «Er läuft und läuft und läuft …» wurde nur ein einziges Mal in einer Anzeige benutzt

Der Slogan des VW Käfer «Er läuft und läuft und läuft …» gehört zu den berühmtesten Werbesprüchen überhaupt. Was erstaunlich ist, denn er war genau genommen gar kein eigenständiger Slogan, sondern nur der Schlusssatz einer Anzeigenüberschrift. Trotzdem wurde er mittlerweile in unzähligen Variationen kopiert, adaptiert und für Zeitungsschlagzeilen verwendet.

Ersonnen hat ihn 1962 die US-Agentur Doyle, Dane, Bernbach, kurz DDB. Und zwar als winzigen Bestandteil einer Kampagne, die den ins Stocken geratenen Absatz des VW Käfer ankurbeln sollte. Dazu schaltete DDB eine Serie von Anzeigen, von denen eine die Überschrift trug: «Warum werden so viele Volkswagen gekauft? Dafür gibt es viele Gründe. Das ist der wichtigste: Er läuft und läuft und läuft …» Den ersten Teil des Wahlspruchs kennt heute niemand mehr, der Rest schrieb Geschichte, und bei Volkswagen war man selbst völlig überrascht, wie sehr der Slogan einschlug. Zwei weitere Klassiker aus der Kampagne waren «Es gibt Formen, die man nicht verbessern kann» und «Da weiß man, was man hat». Ein Motto, das später Persil klammheimlich stibitzt und für sich in Anspruch genommen hat.

Die Wurzeln dieser Kampagne lagen in den USA. Dort waren die Amerikaner, als der Käfer in den fünfziger Jahren erstmals über den großen Teich krabbelte, anfangs schockiert und dann fasziniert. Der normale US-Autokäufer dachte zuvor immer, Autos müssten möglich groß und möglichst protzig sein, aber DDB brachte ihnen bei, dass ein Wagen auch einfach nur dazu gut sein kann zu fahren.

Und das so zuverlässig wie möglich. Das kam an, und 1963 wurden in den Vereinigten Staaten schon mehr Käfer verkauft als in Deutschland.

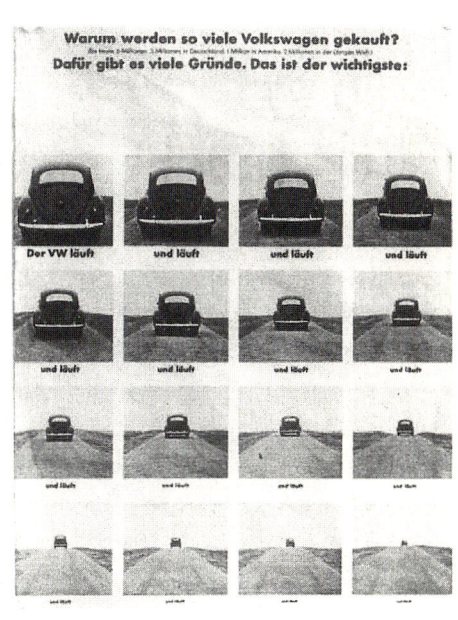

Bei uns schlitterte VW gerade in eine Absatzkrise, und erst nachdem die extra für diesen Zweck in Düsseldorf gegründete Dependance von Doyle, Dane, Bernbach amerikanische Werbemethoden bei uns einführte, ging es wieder bergauf. Ein für deutsche Verhältnisse neuer Werbestil entstand, freche Schlagzeilen und Texte im Stakkatostil, wie: «Sie können einen guten Wagen bauen aus drei Teilen, die wir wegwerfen» oder «Verdienen Sie zu viel, um sich einen Volkswagen leisten zu können?». Oder eben «Er läuft und läuft und läuft ...» Die neue Masche machte schnell Schule und hat ganze Generationen von Werbern beeinflusst.

Status: WAHR

Die Toilettenpapierkrankheit

Legende: Um Toilettenpapier zu verkaufen, hat eine Agentur die Toilettenpapierkrankheit erfunden

Dass man nicht alles glauben sollte, was einem die Werbung weismachen will, hat sich ja mittlerweile herumgesprochen. Besonders ungeniert trieb es die bekannte Agentur J. Walter Thompson aus Chicago. Um den festgefahrenen Absatz von Toilettenpapier in Gang zu bringen, erfanden die Kreativen im Jahr 1931 für die «Scott Paper Company» die bis dahin noch völlig unbekannte «Toilettenpapierkrankheit».

Toilettenpapier wurde in diesen Tagen nicht als profaner Gebrauchsgegenstand, sondern wie ein medizinischer Artikel beworben. In einer Anzeige drohte Scott Paper zum Beispiel mit furchterregenden Operationsinstrumenten, die zum Einsatz kommen sollten, wenn die Kunden sich nicht das richtige Toilettenpapier anschafften. Und das kam – man ahnt es – von Scott Paper. In einem anderen Inserat klagte ein gequälter Geschäftsmann sein Leid mit den Worten: «Ich habe einen ... schlechten Abgang.» Unterlegt von der Warnung: «Es ist ernster, als die meisten Männer denken, das Problem hat seinen Grund in rauem Toilettenpapier.»

1933 waren dann die Mütter dran, ihnen wurde kräftig ins Gewissen geredet. So schluchzte in einer Werbemitteilung das Schulmädchen Mary herzzerreißend, sie sei so zappelig und könne sich in

der Schule nicht konzentrieren. Und erst nachdem Mutti nur noch «Soft Scottissue» kaufte, löste sich das Problem, und die Schulnoten wurden wieder besser. Der Auslöser des ganzen Schlamassels sollen «scharfe, chemisch unreine Inhaltsstoffe, hergestellt aus unsauberen Abfallprodukten», gewesen sein, und nur «Scottissue» war frei von den fiesen kleinen scharfkantigen Holzstückchen.

Ein Comedian am Broadway widmete dem Toilettenpapier sogar ein Lied, und Ärger gab es nur mit dem renommierten «Journal of the American Medical Association». Dem stank die Werbung gewaltig, und J. Walter Thompson versprach daraufhin, klinische Tests vorzulegen, die ein für alle Mal beweisen würden, dass nicht sachgemäß gefertigtes Toilettenpapier eine Gefahr für die Gesundheit sei. Das Institut bestätigte dann auch den Befund pflichtgemäß wie in Auftrag gegeben.

Die Erfindung des Weihnachtsmanns

Legende: Der Weihnachtsmann bekam sein heutiges Aussehen durch eine Werbekampagne von Coca-Cola aus den dreißiger Jahren

Seit Jahren streiten sich die Gelehrten darüber, ob unser aller Weihnachtssymbol nur das schnöde Produkt einer amerikanischen Marketing-Maschinerie ist oder nicht. Die Befürworter führen eine Werbekampagne aus den dreißiger Jahren an, in der Santa Claus erstmals in den Coca-Cola-Farben Rot und Weiß auftrat. Die Zweifler halten dagegen, dass es diese Farbkombination für den netten Geschenkeonkel schon lange vorher gab. Um die Antwort vorwegzunehmen: Man kann es drehen und wenden, wie man will, ohne den Limobrauer aus Atlanta würde es den Weihnachtsmann in seiner heutigen Form nicht geben.

Eine solche Behauptung verlangt natürlich nach einer Begründung, die auch geliefert werden soll. Die Geburtsstunde des Weihnachtsmanns in seiner heutigen Form schlug im Dezember 1931. Damals schaltete Coca-Cola in der mittlerweile eingestellten US-Wochenzeitung «Saturday Evening Post» eine Anzeige mit einem Santa Claus, gekleidet in den Hausfarben des Unternehmens.

Warum man gerade auf den Weihnachtsmann zurückgriff, hatte einen ganz und gar weltlichen Grund: Die Winterzeit war für die Softgetränkebranche schon immer eine Saure-Gurken-Zeit gewesen, und wie viele andere Hersteller suchte auch Coca-Cola nach einem Weg, die Absätze zu erhöhen. Man engagierte den Werbezeichner Haddon Sundblom, einen gebürtigen Schweden, der eine Serie von Zeichnungen entwarf, in denen Santa Claus stets in Rot und Weiß auftrat, immer mit einer Cola in der Hand. Das erste Inserat erschien im Dezember 1931 in der «Saturday Evening Post», und wie geplant stiegen seitdem die Umsätze in der Weihnachtszeit rapide an. Außerdem hatte die Kampagne noch den Vorteil, dass erstmals eine neue Kundenschicht für die braune Brause angesprochen wurde, nämlich die Kinder.

Das ist alles unbestritten und ist so auch überall nachzulesen. Deshalb jetzt zu der eigentlichen Frage: Ist der Weihnachtsmann in Wahrheit nur ein Angestellter einer Brausefirma oder nicht? Die Figur selbst gab es natürlich schon lange vor der Kampagne. In Europa wurde etwa im späten 19. Jahrhundert der heilige Nikolaus als Geschenkebringer verehrt. Der sah allerdings noch ganz anders aus und wurde meistens als hochgewachsene, ernste Bischofsfigur mit Gewändern in den unterschiedlichsten Farben dargestellt. In Washington Irvings weitverbreitetem Buch «Knickerbockers Geschichten aus New York» etwa trägt er «einen tiefen Hut mit breiter Krempe, eine riesige flämische Kniehose und lange Pfeife». Die wohl erste bildliche Darstellung des heutigen Weihnachtsmanns findet sich beim deutschen Struwwelpeter von 1844.

Die erste von Haddon Sundblom gestaltete Coca-Cola-Weihnachtsanzeige

Ungefähr gegen Ende des 19. Jahrhunderts erschienen dann

erste Illustrationen, die der heutigen Gestalt schon ziemlich nahe kamen, allerdings immer noch in Schwarzweiß. Erst in den zwanziger Jahren des vergangenen Jahrhunderts hatten sich langsam der weiße Rauschebart und der rote Mantel als Erkennungsmerkmal durchgesetzt, und die «New York Times» schrieb am 27. November 1927: «Ein standardisierter Santa Claus erscheint den New Yorker Kindern. Größe, Gewicht, Statur sind ebenso vereinheitlicht wie das rote Gewand, die Mütze und der weiße Bart.»

Also noch vor Sundbloms Anzeigen. Und Coca-Cola war auch nicht der erste Getränkehersteller, der den Weihnachtsmann in seiner Werbung einsetzte. Für das Ginger-Ale «White Rock Beverages» etwa stand er 1923 Modell, nachdem die Firma ihn zuvor schon 1915 angeheuert hatte, um Mineralwasser zu verkaufen. Und natürlich hat auch Sundblom bei diesen Motiven abgekupfert (oder sich inspirieren lassen, wie man heute sagt), aber er verpasste seiner Figur ein anderes Image. Sundblom machte Santa Claus zwei Fuß größer, 100 Pfund schwerer und schuf eine neue Persönlichkeit. Sein Santa war gutmütig und immer gut gelaunt, ein Mann, der froh seiner Arbeit nachging und mit dem Hund der Familie spielte. Als Vorlage diente ihm sein Freund Lou Prentice, ein pensionierter Coca-Cola-Verkäufer. Nach Prentice' Tod in den späten 1940ern verewigte sich Sundblom dann angeblich auch selbst auf den Anzeigen, und bis 1964 zeichnete er jedes Jahr einen Weihnachtsmann für Coca-Cola. Der wurde stets etwas variiert, blieb aber in den Grundzügen gleich.

Sundbloms großväterlicher Typ verbreitete sich um den ganzen Globus und wurde zum Vorbild für den Weihnachtsmann schlechthin. Was nicht einmal die Kritiker abstreiten. Deshalb ist es im Endeffekt tatsächlich Coca-Cola zu verdanken, dass Santa Claus heute ein standardisiertes Aussehen hat, das überall auf der Welt gleich ist. Erfunden hat Coca-Cola den Weihnachtsmann nicht, wie manchmal behauptet wird, aber die Firma hat ihn zu dem gemacht, was er heute ist, und ohne die braune Brause wäre Santa Claus nicht die allgegenwärtige Weihnachtsfigur eines hochkommerziellen Festes. Und nicht alle Weihnachtsmänner Coca-Cola-rot.

Status: WAHR

Ronald McDonald

Legende: Ronald McDonald ist die bekannteste Figur der Welt nach dem Weihnachtsmann

Laut dem Online-Lexikon Wikipedia ist Ronald McDonald die bekannteste Figur der Welt gleich nach dem Weihnachtsmann. Die Enzyklopädie beruft sich dabei auf den Autor Eric Schlosser, der in seinem Buch «Fast Food Nation» aus dem Jahr 2001 schreibt, dass rund 96 Prozent der amerikanischen Kinder den Hamburger-Clown kennen. Ein Wert, der nur noch von Santa Claus übertroffen wird. Das ist als Quelle zwar dünn, aber glaubhaft. Denn Ronald McDonald, behauptet zumindest die Eigenwerbung, spricht 31 verschiedene Sprachen und wird in mehr als 150 Ländern eingesetzt.

Erfunden haben die Figur der Werbefachmann Barry Klein und der Fernsehclown Willard Scott. Scott spielte in den frühen sechziger Jahren die Hauptrolle in der beliebten TV-Kinderserie «Bozo's Circus», und als die eingestellt wurde, heuerte Oscar Goldstein, ein Franchise-Nehmer einer McDonald's-Filiale in Washington, ihn als Maskottchen für sein Restaurant an. Gemeinsam mit Klein produzierte Goldstein eine Serie von drei Kinospots, die alle 1963 im Umkreis von Washington ausgestrahlt wurden.

Im ersten Film trat Scott als verkleideter Magier auf, der Hamburger auf ein Tablett vor seinem Bauch zaubern konnte. Im zweiten Streifen ging es pädagogischer zu: Er verteilte Gratisbuletten und warnte kleine Jungs davor, mit Fremden zu sprechen (außer wenn sie Hamburger spendieren natürlich). Und im dritten Spot ritt Scott auf einer Rakete zum Mond, um dort einen McDonald's-Drive-in zu besuchen. Äußerlich hatte der Held dieser Filmchen allerdings noch wenig mit dem heutigen McDonald's-Maskottchen zu tun: Auf seiner Nase klemmte ein Pappbecher, und auf dem Kopf thronte ein Papptablett, aus dem ein Milchshake herausragte.

Den Zuschauern hat's jedenfalls gefallen, und auch bei McDonald's war man derart angetan, dass Scott zur Werbefigur des gesamten Unternehmens auserkoren wurde. Kleinere Unstimmigkeiten gab es noch wegen des Namens, die aber schnell aus der Welt geschafft wurden. Eigentlich sollte Ronald nämlich Donald McDonald heißen. Wegen der großen Ähnlichkeit zu Donald Duck entschied man sich aber schließlich für Ronald.

Scotts Karriere als Werbeträger für Hamburger nahm ein schnelles Ende. Bereits 1966 suchte sich McDonald's einen anderen Darsteller, weil Scott der Fast-Food-Kette zu dick war. In Schweden ist Ronald McDonald wegen «grundsätzlicher Bedenken gegen Kindermanipulation im großen Stil» übrigens verboten.

Status: FALSCH

Die Coca-Cola-Flasche

Legende: Die Coca-Cola-Flasche ist nach den Formen des Kurvenwunders Mae West gestaltet

Eine andere Legende rankt sich um die berühmte Coca-Cola-Konturflasche. Die trägt auch den Spitznamen «Humpelrock» (ein besonders enger bodenlanger Rock), wurde im Jahr 1915 von dem

Designer Earl R. Dean von der Firma Root-Glass entworfen und ist heute wohl das bekannteste Design der Welt. Und seit dieser Zeit kursieren auch allerlei Spekulationen um die unverwechselbare Form mit dem legendären Hüftschwung. Eine davon behauptet, die Flasche wäre nach einem viktorianischen Kleid gestaltet, eine andere, sie hätte eine Kakaobohne als Vorbild gehabt.

Eine Kakaobohne deshalb, weil ein Mitarbeiter von Root-Glass auf der Suche nach Illustrationen für die Inhaltsstoffe des Getränks in der Encyclopædia Britannica nachschlug, dabei «Kakao» mit «Koka» (nach den in der Cola enthaltenen Kokainblättern) verwechselt haben soll und die Form des Kakaosamens kopierte. Ob das so stimmt, darf bezweifelt werden, und die offiziell von Coca-Cola verbreitete Version lautet, dass Dean eine gläserne Tiffany-Vase Pate gestanden hat und er sie dann aufgrund der weiblichen Rundungen nach dem Kurvenwunder der damaligen Zeit benannte, der Schauspielerin Mae West. Eine Mae West zum Anfassen, wie Coca-Cola sagt.

Richtig an der Geschichte ist, dass die Flasche später unter diesem Spitznamen bekannt wurde. Das war aber erst einige Jahre danach, denn der spätere Hollywood-Star war zwar bereits seit 1911 als Schauspielerin tätig, zum Inbegriff der Femme fatale wurde Mae West aber erst in den zwanziger und dreißiger Jahren. Ihr werden zahlreiche Zitate zugeschrieben, die in dieser Zeit fast schon sprichwörtlichen Charakter hatten, wie etwa der weltbekannte Spruch: «Is that a gun in your pocket, or are you just glad to see me?»

Aber die Form der Flasche hatte ganz einfach praktische Gründe, und Coca-Cola verstand es stets, durch geschicktes Marketing einen sagenumwobenen Nimbus um die Marke aufzubauen. Der von John S. Pemberton im Jahr 1886 erfundene Sirup war bis dahin vermischt mit Sodawasser in Bars, Drugstores und Gemischtwarenläden ausgeschenkt worden. Egal was drin war, alle Sodaflaschen hatten ziemlich dieselbe Form und unterschieden sich nur durch das Label. Damals gab es aber nur Papieretiketten, und die hatten einen ganz entscheidenden Nachteil. Weil die Getränke in Wasser gekühlt aufbewahrt wurden, lösten sie sich sehr schnell von der Flasche. Der Kunde wusste also nie so ganz genau, was er da gerade in der Hand hatte.

Aus diesem Grund beschloss Coca-Cola, eine eigene, unverwechselbare Flaschenform zu entwickeln, bei der, um das Problem mit den Etiketten zu umgehen, der Markenname in der Flasche eingearbeitet war. Die bauchige Silhouette und die feine Oberflächenkontur mit dem eingeblasenen Logo funktionierten als taktiles Erkennungszeichen und hatten außerdem den Vorteil, dass sie ganz einfach besser in die Abfüllanlagen passten und besser zu verarbeiten waren.

Der Mythos um Mae West war dann wie so vieles bei Coca-Cola einfach nur schlaues Marketing.

Das Gerber-Baby

Legende: Humphrey Bogart war das Gerber-Baby

Was in Deutschland der Junge von der Kinderschokolade ist, ist in den USA das Gerber-Baby: Bei beiden wurde jahrzehntelang um die wahre Identität herumgerätselt. In Deutschland hieß es lange, der Schauspieler und Moderator Thomas Ohrner hätte Modell für den rotwangigen Knaben gestanden, der seit 1973 von jeder Tafel der Ferrero-Schokolade herunterlächelt. Das war zwar falsch, aber selbst das Finanzamt fragte bei dem einstigen Kinderstar nach, warum er denn das Honorar bei seiner Steuererklärung nicht ordnungsgemäß angegeben habe, wie Ohrner bei Johannes B. Kerner klagte. Die Spekulationen rissen erst 2005 ab, als sich der wahre Junge von der Kinderschokolade outete, ein Kameramann aus Haar bei München mit dem Namen Günter Euringer.

Aber jetzt zu Humphrey Bogart und dem Gerber-Baby. Der US-amerikanische Konzern ist der Erfinder der Instant-Babynahrung. 1928 bot Gerber als erstes Unternehmen weltweit püriertes Obst und Gemüse in Dosen in den Sorten Erbsen, Karotten, Spinat und Pflaumen für Säuglinge an. Seit dieser Zeit ist das süße Gerber-Baby auf jeder Verpackung und in jeder Werbung abgebildet und wurde zum bekanntesten Baby der Welt.

Gerber selbst hat aus der Identität zwar nie ein Geheimnis gemacht, aber trotzdem wurde im Laufe der Jahre allerlei bekannten Menschen unterstellt, sie hätten Modell gestanden. Etwa dem Präsidentschaftskandidaten der Republikaner von 1996 Bob Dole, der Hollywood-Diva Elizabeth Taylor oder dem früheren US-Präsidenten Richard Nixon.

Irgendwann kam auch das Gerücht auf, in Wahrheit sei der junge Humphrey Bogart auf der Dose verewigt. Das war zwar auch nicht richtig, aber gar nicht einmal so weit hergeholt. Bogarts Mutter Maude war eine bekannte Werbegraphikerin und spezialisiert auf Zeichnungen von Kindern. Und der spätere Casablanca-Star hatte tatsächlich als Einjähriger für Babynahrung seinen Kopf hingehalten. Im Jahr 1900 zeichnete Maude Bogart ein Bild ihres kleinen Sohnes, das von der Firma Mellins, damals neben Gerber einer der größten Hersteller von Babynahrung, gekauft wurde. Bogart war also nicht das Gerber-, sondern das Mellins-Baby. Das wahre Gerber-Baby war eine später sehr erfolgreiche Autorin von Mistery-Büchern, Ann Turner Cook. Gezeichnet wurde es von der Graphikerin Dorothy Hope Smith.

Der Pepsi-Test

Legende: Beim Pepsi-Test kann man seine Lieblings-Cola am Geschmack erkennen

Werbegeschichte schrieb 1975 ein kleiner Pepsi-Konzessionär in Dallas, Texas. Weil der Absatz mehr schlecht als recht lief, brütete er zusammen mit einer dort ansässigen Agentur den sogenannten Pepsi-Test aus. Eine Blindverkostung, wie der Brausekenner sagt, bei der Testtrinkern verschiedene Colas in nicht gekennzeichneten Gläsern serviert werden. Dann gilt es, das Glas mit dem wohlschmeckendsten Inhalt auszuwählen. Und das war meistens Pepsi.

Der Test half dem Umsatz wieder auf die Beine, und als sich innerhalb eines Jahres in Dallas der Abstand zum großen Rivalen Coca-Cola deutlich verringerte, wurden auch die Herren aus der Pepsi-Zentrale auf den pfiffigen Reklametrick aufmerksam. Landesweit wurde allen Konzessionären die Werbung mit dem Test verordnet.

Coca-Cola schmeckte das natürlich überhaupt nicht, und man witterte Schiebung. Der Test sollte ungültig sein, weil Coca-Cola immer in einem mit einem «Q» gekennzeichneten Glas vor sich hin brodelte, während das Pepsi-Glas ein «M» trug. Der Pepsi-Erfolg beruhe nur darauf, dass der Buchstabe «M» beliebter sei als das «Q», hieß es leicht angesäuert aus Atlanta. Zum Beweis schüttete man Brause in unterschiedlich gekennzeichnete Gläser, und tatsächlich schmeckte den meisten Brausetrinkern das «M» besser als das «Q». Und das, obwohl in beiden Gläsern Coca-Cola war.

Seitdem serviert Pepsi Cola in Gläsern, die mit einem «S» und einem «L» markiert sind. Dem Erfolg hat es nicht geschadet, der Test wurde weltweit eingeführt, in Deutschland seit Ende der siebziger Jahre.

So viel zu objektiven Testverfahren. Aussagekräftig ist solch ein Experiment aber nicht, wie inzwischen wissenschaftlich nachgewiesen wurde. Welche Cola besser schmeckt, ist nämlich keine Frage des Geschmacks, sondern hängt davon ab, ob man weiß, welche Marke gerade konsumiert wird. Das demonstrierten texanische Forscher im Jahr 2003 im Rahmen einer Studie mit Hilfe von Hirnscans.

Ein Team um Samuel McClure vom Baylor-College in Houston verabreichte Probanden in einem Blindtest sowohl Pepsi-Cola als auch Coca-Cola. Während die sich an dem Getränk gütlich taten, wurden die Hirnaktivitäten in einem Kernspintomographen gemessen. Das Ergebnis dürfte Coca-Cola wenig zugesagt haben: Bei allen Testern zeigte sich bei Pepsi-Cola eine stärkere Aktivität im Bereich des sogenannten Belohnungszentrums als bei Coca-Cola. Woraus man durchaus folgern kann, dass Pepsi ihnen besser mundete. Und auch direkt gefragt, entschied sich eine klare Mehrheit für Pepsi.

Interessant wurde es im zweiten Durchgang. Dort erfuhren die Testtrinker vorher, welches Getränk sie gerade zu sich nahmen, und das hatte Folgen. Nun war bei dem Genuss von Coca-Cola eine höhere Gehirnaktivität zu verzeichnen. Außerdem wurde ein Bereich im Gehirn aktiv, der für das Selbstbild des Menschen steht. McClure schloss daraus, dass Erinnerungen und Eindrücke mit eingeflossen sein müssen, welche die Probanden mit Cola verbinden. Was Wasser auf die Mühlen der Werber ist, denn den Forschern gelang es letztendlich zu beweisen, was schon immer von den Reklamefritzen gepredigt wurde: Das Image einer Marke ist wichtiger als der Inhalt.

Weil das ziemlich trockener Stoff war, soll dazu noch eine lustige Geschichte aus dem Jahr 1987 beigesteuert werden: Wenig Humor zeigte man bei Pepsi nämlich, als der deutsche Hersteller Afri-Cola den Test auf die Schippe nahm. In einem Spot trafen sich zwei Schimpansen in einer Bar. Sagte der eine: «Du bist doch ein schlauer Bursche – mach mal den Cola-Test.» Der macht das und findet, dass der Stoff in der mittleren der drei Flaschen am besten schmecke. «Gewonnen», brüllt der erste Affe. Doch die drei Colas waren alle von derselben Marke, von Afri-Cola.

Der Spot lief einzig im Regionalprogramm des Bayerischen Fernsehens, weil Pepsi ihn sofort per einstweilige Verfügung verbieten ließ. «Wir lassen uns doch unseren schönen Test nicht lächerlich machen», wetterte ein Pepsi-Manager gegen den frechen Herausforderer. Und ließ auch gleich noch einen zweiten Afri-Cola-Spot gerichtlich stoppen. In dem 20-Sekunden-Film fragte ein Affe den anderen, ob er wieder den Cola-Test machen möchte. Doch der will nicht: «Da musst du dir einen anderen Affen suchen.»

Der Marlboro-Cowboy

Legende: Der Marlboro-Cowboy starb an Lungenkrebs

Um genau zu sein: Mindestens drei ehemalige Darsteller wurden von den Spätfolgen des Rauchens dahingerafft. Der spektakulärste Fall war der von David McLean, der in den Jahren vor seinem Tod engagiert gegen die Tabakindustrie zu Felde gezogen war. Bei dem zweiten Opfer Wayne McLaren stritt Marlboro zwar anfangs vehement ab, dass er überhaupt jemals in einer Marlboro-Werbung aufgetreten war, aber er tat es. Außerdem erlag David Millar, einer der ersten Marlboro-Männer, 1987 einem Lungenemphysem.

Dutzende von Leinwandgrößen und sogar richtige Cowboys haben dem Kuhhirten im Laufe der Zeit ihr Gesicht geliehen. Der bekannteste unter ihnen war Darrell Winfield, der seit Mitte der siebziger Jahre für Marlboro sein Pferd sattelte. Aber auch viele andere, unter ihnen besagter Wayne McLaren. McLaren war ein professioneller Rodeoreiter und eher mäßig erfolgreicher Schauspieler, der sich mit Nebenrollen in Fernsehserien und Westernfilmen durchs Leben schlug. Daneben schaffte er als Model in Werbefotografien und machte 1976 auch einige Anzeigen-Fotografien für Marlboro.

Am 22. Juli 1992 verstarb McLaren dann im Alter von 51 Jahren an Lungenkrebs, nachdem er viele Jahre täglich anderthalb Schachteln Zigaretten geraucht hatte. Als nach seinem Ableben die ersten Presseberichte aufkamen, der Marlboro-Cowboy sei dem Lungenkrebs erlegen, wurde von Philip Morris bestritten, dass McLean überhaupt jemals für Marlboro gearbeitet habe. Der Auftritt war auch wirklich nur kurz, aber ein Foto von McLaren prangte 1976 auf einer Händlerschürze für texanische Pokerkarten. Pikant war, dass seine Lebensgefährtin ebenfalls in den letzten acht Jahren vor seinem Tod für die Zigarette Werbung gemacht hatte.

Der bekanntere Fall ist der von David McLean. Auch der war wie McLaren ein Profi-Rodeoreiter und Stuntman, der in etlichen Kinofilmen und Fernsehserien kleinere Rollen spielte – von «Bonanza» bis zu den «Straßen von San Francisco». Seit Anfang der sechziger Jahre trat er zusätzlich in vielen Marlboro-Fernsehspots und Print-Anzeigen auf. Am 12. Oktober 1995 verstarb McLean dann im Alter von 73 Jahren an Lungenkrebs. Mit dem Rauchen hatte der Junge aus Ohio schon im zarten Alter von zwölf Jahren begonnen, als er auch mit der Schauspielerei anfing. Später ging er dann nach Los Angeles, fristete sein Leben als Darsteller, Cartoonist und Zeichner. Bis 1985 hatte er sich ein Emphysem angeraucht, 1993 wurde ein Tumor aus seiner Lunge operiert, doch der Krebs wucherte ins Gehirn.

Berühmt wurde McLean erst durch seine Krankheit und seinen Tod. Seine Witwe strengte einen aufsehenerregenden Prozess gegen Philip Morris und die Tabakindustrie an, in dem sie unter anderem behauptete, McLean habe während einer Fotosession für die Anzeigenmotive bis zu fünf Packungen Zigaretten rauchen müssen, und verlangte Schmerzensgeld in unbezifferter Höhe wegen «widerrechtlicher Tötung». Der Rechtsstreit ist noch nicht endgültig entschieden.

Ein weiteres prominentes Opfer unter den Zigaretten-Fürsprechern war das amerikanische Star-Model Janet Sackman, das «Lucky-Strike-Girl» des Jahres 1949. Sackman hatte extra für die Anzeigen mit dem Rauchen begonnen und erkrankte später an Kehlkopfkrebs. David Goerlitz, der Winston-Mann von 1981 bis 1987, verstarb mit Mitte dreißig an einem Herzschlag, nachdem er zuvor schon halbseitig gelähmt war, und Will Thornbury, der für Camel Modell stand, 1992 im Alter von 56 Jahren ebenfalls an Lungenkrebs.

Der todsichere
Kartoffellaus-Vernichter

Legende: Ein Schwindler hat den Amerikanern in den dreißiger Jahren zwei Stück Holz als «todsicheren Kartoffellaus-Vernichter» angedreht, und die kauften wie wild

Die Geschichte der Werbung ist reich an listigen Werbefeldzügen und ausgekochten Verkaufsstrategien. Eine besonders trickreiche Argumentation dachte sich 1961 ein Hersteller von Rattengift aus. Die belgische Firma hatte das Problem, dass sich viele Kunden darüber beschwerten, die Ratten würden durch das Mittel keineswegs vergiftet, sondern ganz im Gegenteil sichtlich fetter und zudringlicher. Man änderte daraufhin die Werbestrategie und verkaufte das Präparat erfolgreich an Forschungsinstitute als «Kraftnahrung für Nagetiere».

Um den Absatz von Milch anzukurbeln, entwickelte die in Frankfurt ansässige «Wissenschaftliche Gesellschaft für Gesundheits- und Lebensschutz» im Jahr 1961 ebenfalls eine ausgebuffte Argumentation. Sie verkaufte «naturreine Butter» aus Milch von Kühen, die auf Nordsee-Halligen mit einem für die Sonneneinstrahlung «besonders günstigen Einfallswinkel» grasen.

In den Vereinigten Staaten machte in den dreißiger Jahren ein dreister Versandhändler von sich reden. In Anzeigen pries er zwei ganz ordinäre Stück Holz als todsicheren Kartoffellaus-Vernichter an, und die Amerikaner kauften wie wild. Während der Großen Depression konnten sich viele Familien nur durch Landwirtschaft über Wasser halten, und eine große Plage waren Kartoffelläuse, die ganze Ernten vernichteten. Helfen sollte der «todsichere, schnell tötende, sofort einsetzbare und immer bereite ‹Potato Bug Killer›», der für nur 1,50 Dollar frei Haus geliefert wurde und kinderleicht anzuwenden war.

Zumindest die letzte Behauptung stimmte. Wer sich das Wunderding bestellte, bekam einige Zeit später per Post zwei Stück Holz ins Haus geliefert, jeweils knapp 13 Millimeter dick in der Größe einer Zigarettenschachtel mit einem Materialwert von vielleicht fünf Cent. Die Bedienungsanleitung war einfach gehalten und ging in etwa so: «Gehen Sie in das Kartoffelfeld, nehmen Sie den Potato Bug Killer mit und fangen Sie eine Kartoffellaus. Legen Sie diese auf eines der Holzstücke und schlagen Sie mit dem zweiten Holzstück hart zu.» Und tschüs, Kartoffellaus. Eine todsichere Methode, die immer wirkte. Die Firma verkaufte Tausende der Geräte.

Und weil es so schön war, noch eine Geschichte aus den USA, von der man allerdings nicht so genau weiß, ob sie stimmt. Es geht um Lachs. Es gibt zwei Arten von Alaska-Lachs: weißen und rosafarbenen. Der weiße Lachs war wegen der Farbe nicht besonders beliebt, und eine Konservenfabrik, die auf lauter unverkäuflichen Dosen saß, sann nach einem Ausweg aus diesem Dilemma. Dann kam ein pfiffiger Mitarbeiter auf die Idee, die Dosen mit dem Spruch zu labeln: «Läuft in der Dose garantiert nicht rosa an.» Der Lachs ging weg wie warme Semmeln, und die rosa Fraktion sah sich gezwungen, mit dem Slogan «Garantiert nicht gebleichter Lachs» dagegenzuhalten.

Versteckte Botschaften

Der nackte Mann auf der Camel-Schachtel

Legende: Auf der früheren Camel-Schachtel war ein nackter Mann versteckt

Die Camel-Zigarette gibt es seit 1913, und ein Kamel wurde zum Markenzeichen erhoben, weil die Camel als erste Markenzigarette amerikanische und türkische Tabaksorten mischte. Da stellt sich natürlich die Frage, wieso dann von der Packung ein Dromedar prangt, wie an dem fehlenden zweiten Höcker unschwer zu erkennen ist. Das Rätsel ist schnell gelöst: Als der Wanderzirkus Barnum & Bailey 1913 in Winston-Salem gastierte, der Heimatstadt von Firmengründer Joshua Reynolds, nutzte der die Gelegenheit, ein Foto von einem Kamel als Vorlage für die Verpackung zu schießen. Der Zirkus hatte jedoch nur ein Dromedar mit dem Namen Old Joe dabei, und so wurde aus dem Kamel ein Dromedar. Im Englischen steht «Camel» aber als Gattungsname für beide Tiere, sodass die zoologische Spitzfindigkeit nicht weiter auffiel.

Seit Generationen wird darüber gerätselt, ob der Zeichner auf der früheren Camel-Schachtel heimlich das Bild eines nackten Mannes eingeschmuggelt hat. Wo genau, da sind sich die Anhänger der Theorie allerdings nicht einig. Die gängigste Version behauptet, im linken Bein von Old Joe, und zwar wenn man im Vorderbein bis zur

Brust hochgeht. Eine andere Glaubensrichtung favorisiert das rechte Bein. Erschwerend kommt hinzu, dass auch über das Geschlecht keine Einigkeit herrscht. In den 30er Jahren glaubten zum Beispiel viele Amerikaner, eine Doppelgängerin des Kurvenwunders Mae West in dem Kamel erkannt zu haben. Was sich mit einer Theorie deckt, die besonders in Deutschland verbreitet ist, wo meistens von einer nackten Frau die Rede ist. Eher Außenseiter sind diejenigen, die im mittleren Teil des Dromedars einen Löwen oder auf dem Nacken von Old Joe einen Adlerkopf aufgespürt haben wollen.

Das sind natürlich alles Spekulationen. Theoretisch ist es durchaus denkbar, dass der unbekannte Zeichner sich aus welchem Grund auch immer einen kleinen Scherz erlaubt hat und sich derart auf der Schachtel verewigte. Im Endeffekt ist es aber wohl eher so, dass jeder das sieht, was er sehen will, die einen erkennen etwas und die anderen nicht.

Der Wahrheit nahe kommt wahrscheinlich eine Studie aus Deutschland, in deren Verlauf Testpersonen angeben mussten, ob und was sie in Old Joe ausmachen können. Anfangs wollten gerade mal vier Prozent der Teilnehmer einen nackten Mann gesehen haben, 76 Prozent überhaupt nichts, und die restlichen 20 Prozent meinten, der Höcker sei die Brust einer nackten Frau. In der zweiten Runde wurden die gleichen Personen noch einmal befragt, aber zuvor wurde ihnen eine Zeichnung mit den hervorgehobenen Umrissen des Mannes in der Camel gezeigt. Das Ergebnis: Plötzlich waren sich 88 Prozent der Probanden sicher, auch ohne dieses Hilfsmittel einen nackten Mann auf der Schachtel zu erkennen.

Die wohl schönste Theorie ist allerdings eine ganz andere, die besonders in Belgien und Frankreich beliebt ist. Danach war der Zeichner der Packung ein Belgier, der den Marketingmanager von Camel nicht mochte. Und um dem eins auszuwischen, hätte er ein Abbild des Wahrzeichens von Brüssel, des urinierenden Männeken Pis, in der Zeichnung untergebracht.

Unterschwellige Werbebotschaften

Legende: Bei einem Versuch in den USA wurden in einem Kinofilm unterbewusst wirkende Werbebotschaften versteckt, die den Cola- und Popcorn-Umsatz rapide ansteigen ließen

Eines der größten Märchen in der Geschichte der Werbung ist die angebliche Studie um unterbewusst wirkende Werbebotschaften in Kinofilmen. Vor über 50 Jahren tischte der Marktforscher James Vicary der Welt diese hübsche Lügengeschichte auf, und noch heute glaubt die halbe Menschheit daran. Und das, obwohl längst bewiesen ist, dass die ganze Sache nur ein ausgemachter Schwindel war.

Im Sommer 1957 projizierte Vicary in einem Kino in Fort Lee, New Jersey, sechs Wochen lang während der Vorführung des Films «Picknick» alle fünf Sekunden mit einem Spezialprojektor die geheimen Befehle «Drink Coca-Cola» und «Hungry? Eat Popcorn» auf die Leinwand. Und zwar immer nur für $1/3000$ Sekunde und damit zu kurz, um bewusst wahrgenommen werden zu können. Die Wirkung war dafür laut Vicary umso größer: Insgesamt 45 699 Filmbesucher sollen ohne ihr Wissen der Gehirnwäsche unterzogen worden sein, und der Verkauf von Coca-Cola stieg um 18,1 Prozent, der von Popcorn sogar um phänomenale 57,5 Prozent. Und zumindest der erste Teil der Geschichte stimmt sogar. Den Versuch gab es wirklich, wenn auch mit ganz anderen Ergebnissen.

Bis dahin war Vicary nur in der Fachwelt bekannt und genoss dort einen zweifelhaften Ruf aufgrund von allerlei merkwürdigen Untersuchungen. Er hat unter anderem die Blinzelrate von Frauen beim Einkaufen untersucht und will mit einem Spezialgerät gemessen haben, dass Frauen im Supermarkt deutlich öfter mit den Augenbrauen blinzeln als anderswo. Das mag vielleicht sogar so sein, aber wozu diese Erkenntnis gut sein soll, blieb unbeantwortet. Richtig ernst nahm Vicarys Bemühungen deshalb auch niemand. Was sich erst am 12. September 1957 ändern sollte, als er auf einer Pressekonferenz in New York Journalisten die Ergebnisse seines Versuchs in Fort Lee präsentierte. Eingebettet in einem kurzen Film über Fische warf er 169-mal den Befehl «Trink Coca-Cola!» auf die Leinwand, ohne dass einer der Zeitungsleute etwas merkte. Erst als der Vorführer die Projektionen absichtlich dunkler machte, waren sie wie ein Wasserzeichen im Film zu sehen.

Was folgte, war eine weltweite Paranoia. Die Medien stürzten sich auf die Studie, waren einhellig zutiefst empört und sahen den Untergang des Abendlandes heraufziehen. Wer Menschen ohne ihr Wissen den Trieb zum Popcornkauf ins Hirn pflanzte, was konnte der nicht sonst noch alles anstellen? Einen Mord befehlen? Oder gar die Frauen vom Staubsaugen abhalten? Alle Klischees über die unheilvolle Macht der Werbung, die kurz zuvor Vance Packard mit seinem berühmten Buch «Die geheimen Verführer» genährt hatte, schienen plötzlich bestätigt. Die Zeitschrift «The New Yorker» schrieb etwa: «Der menschliche Geist wurde aufgebrochen und betreten.» Der Schriftsteller Aldous Huxley wollte es schon immer gewusst und in seinem Roman «Schöne neue Welt» vorausgesagt haben. Er warnte vor der «alarmierenden Gefahr», dass die Menschen die Kontrolle über ihren Geist verlieren könnten. Die christliche Vereinigung der abstinenten Frauen hegte dagegen den schlimmen Verdacht, die teuflischen Botschaften würden von Brauereien und Destillerien missbraucht, um ihr Geschäft anzukurbeln. Einzig die Modezeitschrift «Vogue» konnte der Sache etwas Gutes abgewinnen. Sie präsentierte ein «subliminales Kleid, das mit seiner Botschaft direkt das Unterbewusste anzapft», aus schwarzer Crêpe-Seide für 160 Dollar.

Die Reaktionen von offizieller Seite ließen nicht lange auf sich warten. Noch im gleichen Jahr forderte die «National Association of Radio and Television Broadcasters» ihre Mitglieder auf, subliminale Werbung zu unterlassen, weil diese die Kunden verprelle. Selbst die CIA ermittelte, wie ein Bericht mit dem Titel «The Operational Potential of Subliminal Perception» aus dem Jahr 1958 zeigt. Und im gleichen Jahr wurde Vicary nach Washington zitiert, um vor einem Bundesausschuss seine Methode zu demonstrieren. Die Vorführung verlief allerdings ziemlich enttäuschend. Die «New York Times» berichtete, dass keiner der Politiker einen Drang nach Popcorn verspürte, und die einzige erwähnenswerte Reaktion war die des republikanischen Senators Charles E. Potter, der mitten im Film gesagt haben soll: «Ich glaube, ich will einen Hotdog.» Trotzdem verbot der Ausschuss diese Art der Reklame, stellte sie unter Strafe, und andere Länder zogen nach. In Deutschland etwa ist die Anwendung eine Ordnungswidrigkeit und wird mit einem Bußgeld belegt.

Vicary sah das natürlich ganz anders und meinte, dass die Zuschauer endlich von der lästigen Unterbrecherwerbung befreit werden. «Wie viele Nächte versuchte ich mir am Fernseher einen Film anzusehen, und gerade bevor John Mary küsste, unterbrach eine Werbung für ein Waschmittel die Sendung.» Die unterschwelligen Botschaften seien deshalb ein Segen für die Konsumenten.

Was nichts half. Und langsam begann sich auch abzuzeichnen,

dass mit seinen Ergebnissen etwas nicht stimmen konnte. Alle Versuche, das Experiment zu wiederholen, scheiterten, und den Wissenschaftlern ging langsam die Geduld mit dem halbseidenen Marktforscher aus, weil der sich mit dem Hinweis auf die laufende Patentierung weigerte, das genaue Vorgehen und die exakten Daten zu seinem Versuch bekannt zu geben. Dabei hätte schon ein Besuch in Fort Lee genügt, um festzustellen, dass niemals 45 699 Zuschauer das Kino in sechs Wochen besucht haben konnten. Dafür war es viel zu klein.

1962 schließlich gab Vicary im Branchenblatt «Advertising Age» zu, dass er jung war und das Geld brauchte. Seine Firma stand kurz vor der Pleite, und der Projektor funktionierte zwar, doch die Methode hatte keine messbare Wirkung. «Wir ersuchten um ein Patent, nachdem wir das Ding in einem Kino in Fort Lee getestet hatten. Journalisten bekamen Wind davon. Da waren wir gezwungen, an die Öffentlichkeit zu gehen, bevor wir wirklich bereit waren. Ich hatte nur sehr wenig Daten – zu wenig, um ein sinnvolles Resultat zu bekommen.» Gelohnt scheint es sich für ihn trotzdem zu haben. Gerüchten zufolge soll Vicary in dieser Zeit 4,5 Millionen Dollar an Beratungshonoraren eingestrichen haben. Seine extra gegründete Firma «Subliminal Projection Company» meldete allerdings schon 1958 Konkurs an.

Vicary selbst verschwand einige Jahre später spurlos. Ob er noch lebt, weiß man nicht, und auch ob seine letzte Version der Geschichte stimmt, ist unklar. Das vermeintliche Experiment hat sich jedoch als moderne Legende in die heutige Zeit gerettet. Selbst Inspector Columbo löste 1973 in der Folge «Double Exposure» ein Verbrechen um einen dubiosen Marktforscher mit Hilfe von unterschwelligen Botschaften. Und in der Wissenschaft ist das Studium der unterschwelligen Wahrnehmung ein blühender Forschungszweig geworden. Der letzte Stand der Erkenntnisse ist, dass mit unterschwelliger Werbung zwar Stimmungen beeinflusst werden können, eine direkte Werbebotschaft lässt sich so aber nicht vermitteln. Und schon gar nicht der Popcornabsatz um 60 Prozent steigern.

Sex auf dem Ritz Cracker

Legende: Auf Ritz Crackern ist auf jeder Seite zwölfmal das Wort «Sex» versteckt

Um gleich zu Beginn jeglichem Missverständnis vorzubeugen, ein Hinweis in eigener Sache vorweg: Niemand will hier allen Ernstes behaupten, die böse Werbeindustrie versuche uns auf Keksen unanständige Reklamebotschaften unterzujubeln. Aber da man auch nur schwer das Gegenteil beweisen kann, steht über diesem Kapitel die Kategorie «Unbewiesen».

In den siebziger und achtziger Jahren nahmen die Theorien um unterschwellige Werbung noch einmal richtig Fahrt auf, als der Kanadier Brian Wilson Key ein Buch mit dem Titel «Subliminal Seduction» («Unterschwellige Verführung») veröffentlichte, einen Bestseller, der mehr als eine Million Mal verkaufte. In dem Werk und weiteren Folgebänden will Key, von Beruf Professor an der Universität Ontario, eine Verschwörung aufgedeckt haben, die sich durch die ganze Medienlandschaft zog: In Zeitungen, im Fernsehen und ganz besonders in der Werbung soll es von «embedded (eingebetteten) messages» nur so wimmeln. Überall spürte Key sie auf und meinte, diese dienten einzig und allein dem Zweck, aus kritischen Verbrauchern triebgesteuerte, willenlose Konsumenten zu machen.

Meistens handelte es sich bei den geheimen Verführern um das Wort «Sex» oder schemenhafte Illustrationen von nackten

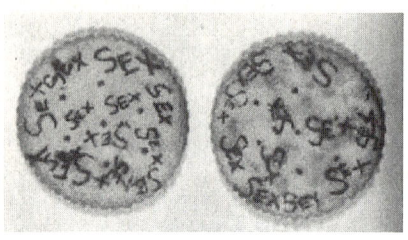

Menschen, die nur unterhalb der Wahrnehmungsschwelle aufnehmbar sind. Angebracht wurden sie mit Hilfe von Manipulationspraktiken wie dem Airbrushing oder spezieller Kameratechnik. In einem Inserat für Tiefkühlkost etwa will Key eine menschliche Orgie ausgemacht haben, in den Schatten der Eiswürfel einer Gin-Anzeige eine unbekleidete Dame oder auf einem Glas Scotch ein Pärchen, dass am Strand Händchen hält. Sprite soll laut Key jahrelang diese Technik angewandt haben. Messerscharf folgernd, jeder, der unbewusst eine nackte Frau auf Eiswürfeln sieht, brauche eine Freundin und kaufe deshalb die Limonade.

Keys berühmteste – oder sagen wir besser, skurrilste – Theorie war die, der Ritz Cracker sei in den USA so populär, weil auf jeder Seite zwölfmal das Wort «Sex» versteckt ist. Und zwar durch eine geschickte Anordnung der Löcher, die nur Insider entschlüsseln können. Erfahren haben will er das von einem eingeweihten Werber, den wahrscheinlich das schlechte Gewissen plagte.

Hergestellt werden die Ritz Cracker seit 1934 von der Firma Nabisco, und allein im ersten Jahr wurden von den Amerikanern mehr als 5 Milliarden davon verspeist. Was garantiert noch mit rechten Mitteln zuging, denn erst seit den sechziger Jahren soll die Firma die unlautere Werbemasche einsetzen. Meint zumindest Key, und diese und ähnliche Theorien verhalfen ihm zu Ruhm und Reichtum. Beinahe zwanzig Jahre war er gern gesehener Gast in Talkshows und Radiosendungen, um dort Kostproben zum Besten zu geben.

Versuche, mit subliminaler Werbung vor sich hin dümpelnden Produkten das gewisse Etwas zu verleihen, hat es nachweislich gegeben, denn viele Werber waren in diesen Jahren von der angeblichen Macht der unterschwelligen Werbung geradezu besessen. Manche Firmen machten sich aber auch einfach nur einen Spaß daraus. Seagram's Gin etwa, einer der Angeklagten in «Subliminal Seduction», entwarf 1990 eine ganze Serie von Anzeigen mit versteckten Bildern in Eiswürfeln. Die Spirituosenmarke «Absolut Vodka» schaltete ein Inserat mit dem Titel «Absolut Subliminal» und einem Gewinnspiel, bei dem möglichst oft der Markenname in dem Inserat erkannt werden musste. Toyota wiederum fand es lustig, in Fernsehspots zu ver-

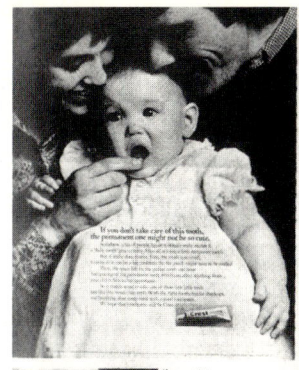

figure 27

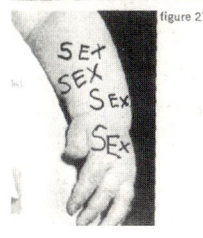

sprechen, dass die garantiert frei von subliminaler Werbung seien, während die Worte «aufregend» und «sexy» über den Bildschirm flackerten.

Status: WAHR

Die Gilbey's-Anzeige

Legende: In einer Anzeige für Gilbey's Gin ist auf den Eiswürfeln das Wort «Sex» zu erkennen

Schon Werbegeschichte ist eine Anzeige für Gilbey's Gin aus den sechziger Jahren. Das Inserat soll nämlich eines der überzeugendsten Beispiele für «embedded messages» sein. Brian Wilson Key analysierte das Inserat in «Subliminal Seduction» auf mehr als fünf Seiten, und später widmete der Autor Jack Haberstroh der

mysteriösen Anzeige sogar ein ganzes Buch mit dem vielsagenden Titel «Ice Cube Sex». Der wiederum bezog sich auf die vier Eiswürfel in dem Glas auf der rechten Seite, in deren Schatten sich einmal mehr, man ahnt es irgendwie schon, das Wort «Sex» verbergen soll. Und tatsächlich: Mit viel gutem Willen und etwas Anleitung ist die schmutzige Vokabel wirklich in den Schattierungen der Eiswürfel zu erkennen. Kleine Hilfe: Das große «E» im mittleren Würfel ist leicht auszumachen, das «S» in den beiden oberen und das «X» im unteren Würfel erschließen sich dann meistens von selbst. Ob das jetzt Absicht bzw. Zufall war oder später nachträglich hineinretuschiert wurde, soll einmal dahingestellt bleiben.

Die Anzeige soll aber noch weitere Geheimnisse verbergen. Key fesselte bei seinen Ausführungen vor allem die Wechselwirkung zwischen der Flasche, dem Korken und den Schatten auf dem Tisch. In diesem Schattenspiel will er insgesamt fünf Figuren ausgemacht haben – drei Frauen und zwei Männer. Direkt unter dem Label zum Beispiel die schemenhafte Figur eines Mannes und rechts davon die Umrisse einer schwangeren Frau. Ob die beiden etwas miteinander hatten, verrät Key allerdings nicht. Die auffälligste Figur soll jedoch eine aufrecht in der Gin-Buddel stehende männliche Figur mit einem erigierten Penis sein. Die Spiegelungen des dreieckigen Labels auf dem Tisch entsprechen danach den Beinen und der Korken dem Schniepel. Und deshalb auch zu guter Letzt ein weiterer Hinweis in eigener Sache: Die Einordnung als «wahr» bezieht sich nur auf das Wörtchen Sex in den Eiswürfeln und keineswegs auf den Rest der Legende.

Die Benson-&-Hedges-Anzeige

Legende: In einer Benson-&-Hedges-Anzeige ist auf dem Rücken einer Frau ein Phallussymbol zu erkennen

Die folgende Benson-&-Hedges-Anzeige zierte im April 1976 die Rückseite des «Time Magazine», und Anhänger der subliminalen Werbung wollen in dem Inserat ein mit Airbrush-Technik an-

gebrachtes Phallussymbol entdeckt haben. Auf dem Rücken der Frau soll die linke Hand des Mannes einen erigierten Penis umschließen, der versucht, ein zylinderförmiges Gekräusel im Haar der Frau zu erreichen.

Da fragt sich der gebildete Mitteleuropäer natürlich sofort: Wozu soll das gut sein? Darüber soll hier nicht spekuliert werden, denn schließlich gibt es auch Menschen, die aus dem Kaffeesatz die Zukunft le-

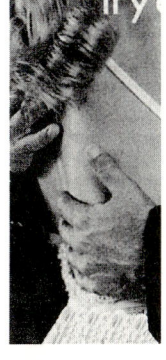

sen können. Der Slogan «If you got crushed in the clinch with your soft pack, try our hard pack» enthält, wie selbst der psychologisch wenig bewanderte Betrachter schon ahnt, ein subtiles Spiel mit den Wörtern «hard» und «soft». Leute, denen die Sache einfach keine Ruhe ließ, wollen sogar nachgemessen haben, dass das ominöse Ding in natura 16,51 Zentimeter lang und beschnitten wäre.

Der Rats-Spot

Legende: Die Republikaner setzten im US-Wahlkampf 2000 in einem Werbespot eine unterschwellige Werbebotschaft gegen Vizepräsident Al Gore ein

Direkt ins Gehirn der Wähler kriechen wollten die Republikaner im US-Wahlkampf 2000. In einem Fernsehspot versteckten die Anhänger von George W. Bush heimlich die unterschwellige Werbebotschaft «RATS» (Ratten) und hofften, das Publikum würde eine unbewusste Assoziation zum Vizepräsidenten Al Gore herstellen. Der Schuss ging jedoch nach hinten los. Eine messbare Wirkung erzielte die fiese Attacke nicht, dafür gab es reichlich Ärger.

In dem Film ging es um Gesundheitspolitik und Gores Haltung zu verschreibungspflichtigen Medikamenten. Die gefiel den Republikanern überhaupt nicht, und das taten sie mit den Worten kund: «The Gore Prescription Plan: Bureaucrats Decide.» Was ja noch nicht weiter schlimm und einfach nur das übliche Wahlgetöse wäre. Aber für den Bruchteil einer Sekunde und damit für das Auge nicht wahrnehmbar wurde in großen Lettern das Wort «RATS» sichtbar, als hervorgehobenes Fragment von «Bureaucrats». Und das kurz vor einer Schimpfkanonade auf den damaligen Vizepräsidenten. Ganz offensichtlich war der miese Manipulationsversuch aber nicht gut genug versteckt, denn schon nach kurzer Zeit war die vermeintliche Geheimbotschaft schon von einem adleräugigen Gore-Anhänger entdeckt und Dutzende Male auf allen Kanälen seziert worden. Der 30-Sekunden-Spot kostete mehr als 2,5 Millionen Dollar und lief insgesamt 4400-mal im US-Fernsehen, bis er unter Krokodilstränen abgesetzt wurde.

Von den Republikanern wurde anfangs natürlich alles dementiert und auf einen Editierungsfehler geschoben. Was ihnen niemand glaubte, und wahrscheinlich war der Bush-Berater Alex Castellanos für den Psychotrick verantwortlich. Der war schon vorher unangenehm aufgefallen, etwa im Wahlkampf 1996 mit einem Spot für den Präsidentschaftskan-

didaten Bob Dole. Dort wurde eine Anti-Clinton-Botschaft mit dem Song «You cheated, you lied» untermalt. Im Jahr 1990 arbeitete Castellanos für Jesse Helms, den republikanischen Senator von North Carolina, der damals gegen einen schwarzen Demokraten antrat. Castellanos' Spot für Helms zeigte ein Absageschreiben in den Händen eines weißen Amerikaners, in Anspielung auf die Minderheitenförderung bei der Vergabe von Studienplätzen und öffentlichen Aufträgen. Ein Fleck am Bildrand wurde von Zuschauern als schwarze Hand mit einer Waffe interpretiert.

Die Cool Cans von Pepsi

Legende: In den «Cool Cans» von Pepsi war das Wort «Sex» zu erkennen, ohne dass Pepsi dies vorher bemerkt hatte

Im Sommer 1990 hagelte es böse Briefe bei Pepsi. Damals hatte der Limofabrikant Dosen in einem speziellen Cool-Can-Design mit farbenfrohen Motiven herausgebracht. Insgesamt gab es vier Muster mit den Namen Confetti, Neon, Sunglasses und Surfer, und die Leute regten sich über eine angeblich unterschwellige Werbebotschaft in dem Design auf. Wenn man nämlich eine der Neon-

Dosen auf eine der anderen stellte, dann die Neon nach rechts drehte, die untere Dose dagegen nach links und dann noch etwas schielte, konnte man ohne Schwierigkeiten das Wort «Sex» erkennen. Das «S» und ein halbes «E» auf der oberen, das «X» auf der unteren Dose.

Die Botschaft war so offensichtlich, dass niemand Pepsi abnahm, dass es sich nur um einen Zufall handelte. Aber so war es. Bei Pepsi wollte man einfach nur «cool» sein und «etwas anderes machen», das die Aufmerksamkeit der Zuschauer fesselte, und über die versteckte Botschaft war man selbst am meisten überrascht. Was glaubhaft ist, weil das Neon-Design sich erst in letzter Minute gegen Hunderte anderer potenzieller Cool-Can-Designs durchgesetzt hatte. Die Cool Cans wurden aber nicht, wie oft behauptet, wegen der unanständigen Botschaft auf den Dosen wieder vom Markt genommen, sondern waren von vornherein nur eine zeitlich begrenzte Aktion in limitierter Auflage.

Namenspannen

Status: FALSCH

Das Mist-Stück

Legende: Clairol hat versucht, in Deutschland einen Lockenstab unter dem Namen «Mist Stick» zu verkaufen

So mancher Name, der seinem Produkt auf dem heimischen Markt zu Ruhm und Reichtum verholfen hat, ist für den Einsatz im Ausland nicht geeignet. Punica etwa, bei uns ein bekannter Obstsaft, ist in Ungarn ein ziemlich unanständiger Begriff für das weibliche Geschlechtsteil. Und auch eine scharfe Pfeffersauce aus Ghana namens «Shitto» hätte anderswo so ihre Probleme. Böse ins Auge gegangen sein soll unbekannten Quellen zufolge der Versuch eines finnischen Herstellers von Türschlossenteisern für Autos, sein Produkt in den USA unter dem Originalnamen «Super Piss» zu verkaufen. Und das trotz der unbestrittenen Kompetenz der Finnen in allen Fragen rund um vereiste Autotüren. Ob auch das wirklich so stimmt oder nur eine amüsante Legende um der Pointe willen ist, weiß man zwar nicht genau, aber auch die finnischen Biersorten «Siff» und «Koff» sollen in den Vereinigten Staaten eher für Belustigung denn für gute Geschäfte gesorgt haben. Koff erinnert an das englische Wort «cough» für «Husten», und ein Siff-Bier wollte auch niemand trinken.

In Deutschland kann man als Werbetreibender aus dem Ausland mit dem Wörtchen «Mist» so richtig danebengreifen. Im

Englischen steht die Vokabel für eine leichte Brise oder einen angenehm frischen Nebel, im Deutschen dagegen bekanntlich für einen stinkenden Haufen. Deshalb kursiert auch seit Jahrzehnten in Werberkreisen das eine oder andere lustige Schmankerl über Unternehmen, die in den selbigen gestapft sein sollen, als sie ihre Artikel in Deutschland mit diesem Namenszusatz anboten.

Rolls-Royce zum Beispiel wollte Anfang der sechziger Jahre ein Modell unter der bewährten englischen Benennung «Silver Mist» an die gutsituierte deutsche Kundschaft verscherbeln. Silberne Nebel sind im Vereinigten Königreich ja keine Seltenheit, und schon das Vorgängermodell hörte auf den Namen «Silver Haze». Als man der Bedeutung im Deutschen gewahr wurde, wurde die Nobelkarosse schnellstens in «Silver Shadow» (Silber-Schatten) umgetauft.

Noch schöner war die Geschichte um das beliebte Aftershave «Irisch Moos». Das Duftwässerchen sollte 1969 den deutschen Rasierwassermarkt kräftig aufmischen, was aber gründlich danebenging. Um Assoziationen zu der Frische eines irischen Frühlingsmorgens oder an einen nicht riechenden irischen Nebel herzustellen, wurde nämlich der Originalname «Irish Mist» verwendet. Die Verkäufe liefen schlecht, und man entschied sich für eine Namenskorrektur in Irisch Moos.

Das bekannteste Beispiel ist ein Lockenstab von Clairol. Der zu Procter & Gamble gehörende Haarspezialist plante der Legende nach, seinen in den USA bewährten Lockenstab «Mist Stick» in Deutschland unter der gleichen Bezeichnung zu vertreiben. Mit einem Dungstab wollte sich aber keine Frau die Haare machen, und das gute Stück wurde wieder aus dem Verkehr gezogen. Bei Estée Lauder dagegen war man vor einigen Jahren von Anfang an so pfiffig, das Parfüm Country Mist in Deutschland als Country Moist anzupreisen.

So viel dran ist an all diesen Geschichten aber nicht, und in der Regel wird es so abgelaufen sein wie bei Estée Lauder: Man hat es vorher bemerkt. Ein Brite oder Amerikaner muss den deutschen Wortsinn von «Mist» nicht unbedingt kennen, aber spätestens dem ersten deutschen Mitarbeiter wäre die üble Wortwahl aufgefallen. Bei Irisch Moos etwa war der Lizenznehmer der 4711-Hersteller Muehlens aus Köln, und dort ist man der deutschen Sprache durchaus mächtig. Abgesehen davon hat es ein Aftershave Irish Mist nie gegeben, weil der Name seit den vierziger Jahren ein eingetragenes Markenzeichen für einen leckeren Likör ist. Und bei dem «Mist Stick» geht die Legende auf die US-Firma Sunbeam, nicht auf Clairol zurück. Und die verkaufen noch heute den Lockenstab in vielen Ländern unter dem Namen Mist Stick. Bloß in Deutschland nicht, und hier wurde er auch nie so angeboten.

Status: WAHR

Der «Gast, der unzählige Mal Liebe macht»

Legende: Der Name der Potenzpille Viagra bedeutet im Chinesischen «Gast, der unzählige Mal Liebe macht»

Wer als westliches Unternehmen in China gute Geschäfte machen will, braucht vor allem einen starken Markennamen. Und da nur die wenigsten Chinesen sich die Originalnamen merken oder gar aussprechen können, bedarf es einer Übertragung. Meistens soll die so ähnlich klingen wie das Original, und das ist die denkbar schlechteste Methode, denn oft kommen dabei wenig werbewirksame Gebilde heraus, die nichts bedeuten. Der Chinese liebt es nämlich, wenn Produktnamen eine möglichst blumige Bedeutung haben, und traditionell war die Wahl sogar eine Aufgabe für

den Feng-Shui-Meister. Beste Chancen haben Namen, die mit dem Image der Marke übereinstimmen, ohne dabei in ein kulturelles oder sprachliches Fettnäpfchen zu treten. Der chinesische BMW-Fahrer etwa sattelt einen «Baoma», und das ist ein «kostbares Pferd». Und ein Opel-Besitzer nennt einen «Oubao» sein Eigen, einen «Schatz aus Europa».

Wenig gelungen ist die Übertragung von Viagra. Das Potenzwunder kann der lendenlahme Chinese offiziell seit 1998 käuflich erwerben. Die blaue Pille heißt in China «wan-ai-ke», wobei «wan» so viel bedeutet wie «unzählig», «ai» steht für «Liebe» und «ke» für einen «Gast». Ein «Gast, der unzählige Mal Liebe» macht, also. Das klingt nach einer rundum gelungenen Übertragung, ist es aber nicht. Denn «Wanaike» war zum einen bei Hersteller Pfizer nur zweite Wahl und hört sich für Chinesen auch nicht besonders gut an.

Schon lange bevor der blaue Muntermacher in China überhaupt auf den Markt kam, hatte die einheimische Presse Viagra einfach «weige» (großer Bruder) getauft. Das beste Stück des Mannes heißt im Reich der Mitte nur salopp «xiaodi», was «kleiner Bruder» bedeutet. Und ein großer Bruder zum kleinen Bruder war also durchaus passend. Das dachte sich auch Pfizer und wollte diesen Namen registrieren lassen. Den hatte sich allerdings schon der einheimische Pillendreher «Guangdong Wellman Pharmaceuticals Ltd.» als Markenzeichen gesichert, der das Land mit billigen Imitaten überschwemmt hatte. Pfizer ging gerichtlich gegen den Plagiator vor, verlor aber den Prozess nach einem beinahe zehnjährigen Verfahren, weil das hohe Gericht der Auffassung war, «weige» sei ein gebräuchliches Umgangswort und daher nicht schützenswert.

Pfizer blieb nichts anderes übrig, als bei der im Jahr 2000 gewählten Übersetzung «Wanaike» zu bleiben. Was keine gute Idee war, denn die traf zwar zweifellos den Produktnutzen im Kern, aber nicht die Moralvorstellungen der Chinesen. In Asien wird weniger die direkte Botschaft geschätzt als die bildhafte Andeutung, die Raum für Assoziationen lässt. Und «Wanaike» empfinden die Chinesen als plump und ziemlich ungehörig.

Status: WAHR

Die Porno-Zahnpasta

Legende: Colgate brachte in Frankreich eine Zahnpasta heraus, die wie ein bekanntes Pornomagazin hieß

Man muss der Ehrlichkeit halber zugeben, dass hinter dieser kategorischen Zuordnung eigentlich ein dickes Fragezeichen stehen müsste. Einer der Gassenhauer unter den Namenspannen der Werbeindustrie soll jedenfalls Colgate unterlaufen sein, als die Firma Anfang der neunziger Jahre den Franzosen eine Zahnpasta mit dem schönen Kunstnamen «Cue» auf die Bürsten schmieren wollte. Leider bemerkte man erst im Nachhinein, dass im einschlägigen Fachhandel bereits ein bekanntes Pornomagazin unter dem gleichen Namen vertrieben wurde.

So wird es immer wieder erzählt, aber stimmt die Geschichte auch wirklich? Viele Informationen sind nicht überliefert, aber besonders bekannt kann das Schmuddelblättchen nicht gewesen sein, weil eine Postille mit diesem Namen heute nicht mehr existiert. Was damals erschienen ist, war ein Magazin mit dem ähnlich klingenden Titel «Cul», der in etwa wie Cue ausgesprochen wurde («kyu»). Also waren Verwechslungen durchaus drin. Daneben kursiert noch die Anekdote, dass «cue» im Französischen ein ziemlich unanständiger Ausdruck für das menschliche Gesäß sein soll. Die Story kann aber mit Sicherheit ins Reich der Werbemärchen verbannt werden. Laut Langenscheidts Großem Wörterbuch ist das Wort dafür «cul» (wie das Schmuddelheftchen) und nicht «cue».

Die abartige japanische Reiseagentur

Legende: Ein japanischer Reiseveranstalter bekam in England viele Anfragen nach Sexreisen, weil der Name für die Briten wie «Abartige japanische Reiseagentur» klang

Schlecht ist es, wenn ein Markenartikel einen Namen bekommt, der in fremden Ländern schon anderweitig besetzt ist. Noch schlechter ist es allerdings, wenn man das vorher nicht merkt, wie es der «Kinki Nippon Tourist Company» passiert sein soll. Bei der Firma handelt es sich um einen der größten japanischen Reiseveranstalter und einen durch und durch seriösen Laden, um das gleich klarzustellen. Trotzdem gab es bei der Agentur, als die ihr erstes Büro in London eröffnete, eine rege Nachfrage alleinstehender Herren im mittleren Alter nach Sexreisen ins Land der Kirschblüten, Geishas und angeblich sündigen Schulmädchen. Das Rätsel löste sich erst, nachdem jemand den Japanern verriet, dass «Kinki» (gesprochen «kinky») im Englischen in der Vulgärsprache so viel wie «abartig» oder «pervers» bedeutet.

Also, was ist dran an der Geschichte? Das Büro in London gibt es noch heute, das stimmt also schon mal. Der Namensspender des Unternehmens ist der Firmensitz in der Region «Kinki» im Westen

Japans, zu der unter anderem die Städte Kioto und Osaka gehören. Das stimmt also auch. Und ein Blick ins Internet zeigt, dass Kinki in England heute nur noch die Initialen «knt!» als Markenzeichen verwendet, der vollständige Name aber nirgends mehr auftaucht. Bliebe also nur noch zu klären, ob die Japaner die peinliche Bedeutung ihres Namens im Englischen schon vorher kannten oder nicht. Und da sogar eine renommierte britische Zeitung wie der «Economist» dem Fehltritt eine Geschichte widmete, wussten sie es ganz offensichtlich nicht.

Status: WAHR

Die alte Jungfer

Legende: Das Windows-Betriebssystem «Vista» heißt im Lettischen «Hühnchen» oder «alte Jungfer»

Und jetzt installieren Sie das Hühnchen ... Zu einer Lachnummer wurde das Betriebssystem «Windows Vista» in Lettland. Dort steht «Vista» nämlich umgangssprachlich für ein «Hühnchen» oder eine «alte Jungfer». Was zu einigen Komplikationen geführt hat: Lettische Zeitungen amüsierten sich königlich darüber, dass die Verkaufsexperten der Software-Schmiede, als sie den Händlern im Jahr 2006 Microsofts neues Betriebssystem schmackhaft machen wollten, einen schweren Stand hatten. Die mussten in den Telefonaten nämlich erst einmal betonen, dass sie keine schmutzigen Gedanken hatten. Andere Angerufene waren wiederum verwirrt, warum ihnen ausgerechnet jemand von Microsoft die 101 Vorteile eines Hühnchens erklären wollte, und dachten, ihnen solle ein Kochbuch angedreht werden. Der Vorteil war, dass es in Lettland keiner besonderen Werbekampagne bedurfte, um den XP-Nachfolger bekannt zu machen. Pech war, dass in der zweitgrößten Republik des Baltikums fast die Hälfte der Bevölkerung nur Russisch spricht. Und die hat den Witz nicht verstanden.

Microsoft ist bekannt für solche Patzer. In Südamerika etwa produzierte die Firma von Bill Gates Frauenfeindliches. In der spanischen Version von Windows XP wurde bei der Installation des Programms der Nutzer oder die Nutzerin erst einmal nach dem Geschlecht gefragt. Die Wahl bestand dabei zwischen «no especificado» (nicht spezifiziert), «varon» (Mann) und «hembra» (Frau). In einigen Ländern des Kontinents, wie etwa Nicaragua, ist «hembra» aber ein Schimpfwort und bedeutet Hure.

Status:
FALSCH

Der falsche Kaffee

Legende: Nescafé klingt im Spanischen wie «No es café» («Das ist kein Kaffee») und musste deshalb geändert werden

Nescafé ist der meistgetrunkene Kaffee der Welt. Hergestellt wird die lösliche Brühe seit 1930. Damals ernteten die brasilianischen Pflanzer so viel Kaffee, dass sie ihn tonnenweise ins Meer schütten mussten, um einen Verfall des Preises auf dem Weltmarkt zu verhindern. Es war natürlich jammerschade um das schöne Getränk, und deshalb erhielt die damals noch kleine Schweizer Firma Nestlé in diesem Jahr von der brasilianischen Regierung den Auftrag, nach einem Weg zur Konservierung der Bohnen zu suchen. Das Resultat war der 1938 erstmals in der Schweiz verkaufte Nescafé, was sich wiederum aus den Wörtern Nestlé und Café zusammensetzt. Ein Name, der dem Instantkaffee in Spanien und Lateinamerika wenig Glück gebracht haben soll. Das Wort klingt nämlich, so wird es zumindest behauptet, im Spanischen wie «No es café», und das bedeutet «Das ist kein Kaffee».

Das mag zwar durchaus amüsant sein, ist aber falsch. Nestlé verkauft nicht nur Instantkaffee unter diesem Namen in Spanien und Lateinamerika, es betreibt auch Coffee-Shops unter diesem Markenzeichen. Und kein Spanier würde Nescafé wie «No es café» (von der Silbe «Nes») aussprechen. Nach Auskunft eines hauptamtlich mit Werbetexten beschäftigten Übersetzungsbüros werden die Vokale im Spanischen normalerweise betont, die Konsonanten dagegen abgeschwächt, sodass eine Verwechslung von «nes» mit «no es» weit hergeholt ist. Nur in Mexiko, wo die Brühe sehr beliebt ist, soll es eine Zeitlang angesagt gewesen sein, einen – ganz anders betonten – «No es café» zu bestellen. Was dort ein lustiger Ausdruck ist für «Es ist kein Kaffee». Der Beliebtheit hat es keinen Abbruch getan, und daher kommt auch wahrscheinlich die Legende.

Status: WAHR

Die Bohnen des Todes

Legende: Tchibo klingt ähnlich wie das japanische Wort für «Tod»

Wahrlich wenig geeignet für den japanischen Markt ist der Name des Hamburger Kaffeerösters Tchibo. Bei falscher Aussprache klingt die erste Silbe «schi» nämlich wie das japanische Wort «Shi», und das heißt so viel wie «Tod» oder «Selbstmord». Und bei richtiger Aussprache als «tschi» erinnert es an das japanische «Chi», was wiederum «Blut» bedeutet. Doch damit noch nicht genug: Auch die zweite Silbe «Bo» macht wenig Lust auf ein Tässchen Kaffee, denn sie wird in einer ungünstigen Version von den

Japanern als ein «Grab» verstanden, wobei ein so kurzes Wort im Japanischen mehrere Bedeutungen hat. Aber egal, wie man es dreht und wendet, am Ende kommt immer eine ungünstige Version heraus. Tchibo tritt deshalb in Japan auch nicht unter seinem angestammten Markennamen auf.

Wirklich dumm gelaufen ist es auch für den Mineralölkonzern Exxon. Das Kunstwort klingt auf Japanisch ähnlich wie «abgewürgtes Auto», und das motivierte niemanden zum Benzinkauf. Also hat Exxon seine Tankstellen in «Enco» umbenannt. Was nicht viel brachte, denn diese Wortschöpfung hört sich für einen Japaner ähnlich wie ein «Müllwagen» an. Eine Umbenennung später steht deshalb jetzt «Esso» auf den Zapfsäulen des Konzerns, und seitdem gibt es nichts mehr zu meckern. Außer beim Reifenhersteller Goodyear. Der vertreibt seine Pneus in Japan mit Hilfe von Niederlassungen, die «Servitekar» genannt werden. Was für die Japaner wie «rostiges Auto» klingt.

Die Arsch-Soße

Legende: Die Firma Sharwoods brachte indische Soßen auf den Markt, deren Name wie ein indisches Wort für «Arsch» klang

Eine peinliche Namenspanne unterlief dem bekannten britischen Soßenfabrikanten Sharwoods. Ende 2003 schaltete die Firma von der Agentur TBWA kreierte Fernsehspots für sechs Millionen britische Pfund. Anlass war die neue Soßenkreation «Bundh», nach eigenen Aussagen eine «köstliche und schmackhafte» Soße, basierend auf einer traditionellen nordindischen Kochmethode, welche «ein völlig neues Curry-Gefühl» in britische Kochtöpfe zaubern sollte.

Das taten die Soßen allerdings, aber anders als gedacht. Schon nach kurzer Zeit glühten bei Sharwoods nämlich die Telefondrähte, am anderen Ende der Leitung waren erboste Anrufer aus dem indischen Bundesstaat Punjab. Die beschwerten sich, weil «bundh» in Punjabi eine ganz und gar andere, unappetitliche Bedeutung hat. Die ähnlichste Übersetzung ist «Arsch». Die Marke wurde eingestampft.

Und die Marketingstrategen, die einer Gesichtscreme in Indien den Namen «Joni» gaben, hatten ganz offensichtlich niemals die indischen Erotikklassiker gelesen. Dann hätten sie nämlich gewusst, dass das Hindu-Wort «joni» im Kamasutra die intimsten Bereiche des weiblichen Körpers bezeichnet.

Das enthäutete Baby

Legende: Eine japanische Firma hat ein Babypuder unter dem Markennamen «Enthäute ein Baby» verkauft

Die Weltsprache der Werbung ist wie im richtigen Leben das Englische. Und wer als Markenartikler etwas auf sich hält, der entwickelt einen Namen, mit dem er auf dem internationalen Markt bestehen kann. Was nicht immer gelingt. Ein japanisches Tampon das auf «Last Climax» hörte, konnte sich genauso wenig durchsetzen wie eine ebenfalls aus Japan stammende appetitliche «Homo Sausage» oder ein knuspriges «Bimbo Bread» aus Schweden. Auch eine chinesische Herrenunterwäsche namens «Pansy Male» fand in den USA nur wenig Freunde, da niemand in einer schwulen Unterhose gesehen werden wollte.

Böse reingefallen ist auch die japanische Firma «Mochida Health

Care Company». Die Firma vertreibt seit 1970 in Japan ein Babypuder unter dem Kunstnamen «Skinababe». Ein Markenname, der auf den ersten Blick durchaus gelungen erscheint – ein Wortspiel mit den Wörtern «skin» (Haut) und «baby». Bei amerikanischen Eltern kam das Produkt allerdings nicht besonders gut an, weil im Amerikanischen «skin a babe» auch durchaus mit «Enthäute ein Baby» übersetzt werden kann. Ein Shampoo der gleichen Firma, das unter dem Namen «Blow Up» angeboten wurde, reizte die Amerikaner ebenfalls eher zum Lachen als zum Schäumen.

Status: WAHR

Das gotteslästerliche Toilettenpapier

Legende: Der Name eines Toilettenpapiers von Feldmühle musste dreimal geändert werden, weil es Ärger mit der katholischen Kirche gab

Ärger, dass es zum Himmel stank, gab es 1962. Damals wollte Feldmühle den Verbrauchern ein neues Toilettenpapier unterschieben, dem der kirchliche Segen verweigert wurde. Das Traditionsunternehmen gehörte lange zu den, gemessen am Firmenwert, 10 größten deutschen Unternehmen. Schon zu Beginn der sechziger Jahre war Feldmühle bereits sehr erfolgreich auf dem stillen Örtchen mit der Marke «Servus» vertreten. Bei der Namenssuche für den neuen Hoffnungsträger animierte der Erfolg dieses österreichischen Grußes die Marketingstrategen dazu, mit verschiedenen europäischen Abschiedsgrüßen zu experimentieren. Was zu folgenschweren Verwicklungen führen sollte.

Anfänglich wurde das französische «Au revoir» favorisiert, dann aber als zu anstößig verworfen, und auch das englische «Farewell» fiel durch, weil zu schlüpfrig. Das russische «Do Swidanija» wiederum konnte nicht überzeugen, da es politisch fragwürdig erschien. So einigte man sich schließlich auf das scheinbar unverfängliche spanische «Adios» als Namensgeber für die Krepppapierrolle.

Das war keine gute Idee, denn die Wahl rief die Sittenwächter der katholischen Kirche auf den Plan. «Adios» hieße doch «Gott befohlen», und das ginge ja nun wirklich nicht. Bei Feldmühle hatte man durchaus mit derartigen Einwänden gerechnet und vorsorglich schon einmal ein Gutachten in Auftrag gegeben, demzufolge mit einer Verletzung religiöser Gefühle nicht zu rechnen sei und 90 Prozent der Bevölkerung mit dem Wort «Adios» sowieso nichts anzufangen wüssten. Eine Argumentation, welche die Moralapostel nicht überzeugen konnte, und da Feldmühle sich nicht mit der höchsten Instanz anlegen wollte, wurde der Name kurzerhand in «Arios» geändert.

Jetzt ging der Ärger aber erst richtig los. Im vierten Jahrhundert unserer Zeitrechnung gab es nämlich die Glaubensrichtung der Arianer, welche die Trinität von Vater, Sohn und Heiligem Geist in Zweifel zogen und deren Lehren auf dem Konzil von Nicäa verdammt wurden. Also auch unpassend. Die Werbeleute gaben nach, tauschten ein zweites Mal einen Buchstaben aus und tauften die WC-Rolle auf «Amios».

Aber auch diese Wortschöpfung fiel durch das klerikale Raster. Der Begriff erinnere an den alttestamentarischen Propheten Amos, der einst vor dem inneren Verfall der Menschheit in Zeiten wirtschaftlicher Hochblüte gewarnt hatte, und damit gehöre auch dieser Name zur Nomenklatur der heiligen Kirche und habe auf profanen Gegenständen nichts verloren.

Der Namensstreit zog damals weite Kreise und stürzte selbst Laien in Gewissensnöte. Herr Fritz Jöckel aus Lauterbach in Hessen merkte dazu etwa per Leserbrief an den «Spiegel» an: «Ich bin durch Ihren Artikel in schwere innere Nöte geraten, da ich nicht weiß, ob das Papier in Bedürfnisanstalten gotteslästerliche Namen trägt – die Umhüllung ist meistens schon abgerissen oder benutzt worden. Zeitungspapier möchte ich nicht verwenden, da es religiöse Artikel enthalten könnte.» Frau Grete Gellendien aus Düsseldorf hatte schließlich die rettende Idee: «... schlage ich vor, statt ‹Adios› die Neuschöpfung ‹Wischnu› zu nennen. Bis die Inder darauf kommen, in ihren religiösen Gefühlen verletzt zu sein, dürfte sich das – mit Verlaub zu sagen – Geschäft schon lukrativ abgewickelt haben.»

Bei Feldmühle hatte man irgendwann die Faxen dicke und ließ sich trotz aller Bedenken den Markennamen «Amios» rechtlich schützen und vertrieb das Hygienezubehör einige Zeit unter dieser Bezeichnung. Ohne großen Erfolg, denn schon bald war von dieser Marke keine Rede mehr. Und wer weiß, vielleicht bekamen die anfangs erwähnten Finanzinvestoren ja auch eine späte Strafe für die Blasphemie in Krepp.

Status: WAHR

Namenswirrwarr um Milky Way

Legende: Was in Europa «Mars» heißt, ist in den USA «Milky Way», und «Milky Way» ist dort ein Riegel mit dem Namen «3 Musketeers»

Zu einer folgenschweren Verwechslung soll es bei Milky Way gekommen sein. Eine in den USA weitverbreitete Legende behauptet, dass «Milky Way» eigentlich den falschen Namen trägt und «3 Musketeers» heißen sollte. Beide Schokoriegel kamen am selben Tag heraus, die Etiketten wurden durch ein Versehen vertauscht, und weil die Riegel so gut ankamen, konnte man die Sache nicht mehr rückgängig machen. Und tatsächlich, auf den ersten Blick scheint die Theorie gar nicht mal so abwegig, denn Milky Way enthält drei Bestandteile, aber die Musketiere trotz der 3 im Namen nur zwei. Trotzdem ist an der amüsanten Geschichte nichts dran: Milky Way kam 1923 auf den Markt, und 3 Musketeers wird erst seit 1932 produziert, also neun Jahre später.

Milky Way ist ein Produkt der «Mars Candy Company», und deren Vorgänger wurde 1911 von Frank C. Mars in dem Städtchen Tacoma gegründet, und Mars' erster Verkaufsschlager war Milky Way. Frank Mars veränderte das Rezept für einen Milchshake so, dass er fest war und mit Schokolade überzogen werden konnte. Wegen der vielen Milch nannte Mars den Riegel Milky Way, nach der galaktischen Milchstraße. Der Riegel «Mars» wiederum trägt den Namen der Familie Mars und nicht wie oft gedacht den des vierten Planeten in unserem Sonnensystem und war eine etwas süßere Version von Milky Way. Snickers, der dritte Verkaufsschlager der Firma, gibt es seit 1930, er trägt den Namen eines Pferdes der Familie.

Im selben Jahr ging Forrest Edward Mars, der Sohn des Firmengründers, nach einem Streit mit seinem Vater nach Großbritannien und gründete sein eigenes Unternehmen. Dort produzierte er unter anderem Schokopillen, die mit buntem Zuckerguss überzogen waren, und nannte sie «M & Ms». Die Idee soll ihm im Spanischen Bürgerkrieg gekommen sein, als er Soldaten «Smarties» lutschen sah, ein englisches Produkt, das heute von Nestlé vermarktet wird.

Das klingt alles ziemlich verwirrend, aber es wird noch besser. Ein nahezu babylonisches Sprachgewirr herrscht nämlich um die Schokoriegel der Firma. Was wir in Europa als «Mars» kennen, ist in den USA «Milky Way», und was hierzulande unter dem Namen «Milky Way» verkauft wird, entspricht in den USA dem Riegel «3 Musketeers». «Snickers» heißt überall Snickers, aber «Mars» in den Vereinigten Staaten seit 2002 nicht mehr «Mars», sondern «Snickers Almond».

Das ganze Durcheinander kam dadurch zustande, dass Forrest Mars, als er 1933 seinen ersten Riegel produzierte, den nach dem Milky-Way-Riegel seines Vaters gestaltete, den es aber schon in den USA gab. Deshalb nannte Forrest Mars seinen etwas süßeren Milky-Way-Riegel einfach Mars. Und später, als die Firmen wieder zusammenkamen, gab es den Mars-Riegel bereits unter dem Namen Milky Way in den USA und umgekehrt.

Meine Muschi-Marke

Legende: Eine chinesische Firma hat Toilettenpapier unter dem Namen «Meine Muschi-Marke» verkauft

Den Vogel abgeschossen haben soll ein japanischer Großhändler. Und wenn die Geschichte denn stimmt, dann gebührte dem namenlosen Unternehmen sicherlich ein Ehrenplatz auf dem Treppchen für die misslungensten Übersetzungen von Markennamen aller Zeiten. Der Legende nach wollte das Unternehmen in China Geschäfte machen und wählte dazu englische Namen für seine Produkte. Was ja an und für sich keine schlechte Idee ist, hätte man nicht am Übersetzer gespart. Die Chinesen sollen nämlich wenig interessiert gewesen sein an einem leckeren Stück Fleisch mit Namen «Leber-Kitt» (Liver Putty), einem zweideutigen Toilettenpapier «Meine Muschi-Marke» (My Fanny Brand), köstlichen Fertig-Pfannkuchen, die als «Erdbeermist-Dessert» (Strawberry Crap Dessert) angepriesen wurden, einem überteuerten Frostschutzmittel namens «Angesagte Urin-Marke» (Hot Piss Brand)

oder fraglichen Gesundheitsmittelchen, die von einem Kinder-
arzt empfohlen wurden, der sich der verblüfften Kundschaft als
«Spezialist für verstorbene Kinder» (Specialist in deceased chil-
dren) vorstellte. Das berichtet jedenfalls David A. Ricks in seinem
Klassiker «Blunders in International Business» von 1993. Aber,
um ehrlich zu sein, die Geschichte klingt fast zu schön, um wahr
zu sein.

Aus der gleichen Quelle stammt auch eine Geschichte aus Taiwan, die ebenfalls nicht bestätigt ist und eigentlich nicht in ein
Kapitel mit der Überschrift «Namenspannen» gehört. Aber geben
wir sie trotzdem noch zum Besten. Diesmal geht es um einen einheimischen Hersteller von Diätprodukten, der versuchte, den zahlreichen auf der ehemaligen Insel Formosa ansässigen Ausländern
seine Schlankmacher zu verkaufen. In einem Werbetext soll sich allerdings ein böser Fehler durch ein vergessenes «s» eingeschlichen
haben. Die Reklame schwärmte in den höchsten Tönen von den
vielen wertvollen Ballaststoffen in den Produkten, weil die ja gesund sind. In der Mengenangabe vertaten sich die geschäftstüchti-
gen Chinesen allerdings angeblich. In den Anzeigen stand nämlich
zu lesen, man solle so viele Ballaststoffe zu sich nehmen, «till your
tool floats». Irgendjemand hatte aber einfach das «s» bei «tool» un-
terschlagen. Gemeint war nämlich nicht «tool», ein Begriff, der im
Englischen gern auch umgangssprachlich für das männliche Geschlechtsteil benutzt wird, sondern «stool» – und das ist wiederum
ein medizinischer Fachausdruck für den Stuhlgang.

Kulturelle Missverständnisse

Ronald McDonald in Japan

Status: FALSCH

Legende: Der Clown Ronald McDonald war in Japan nicht erfolgreich, weil ein weiß geschminktes Gesicht in Japan ein Zeichen für den Tod ist

Kleine Japaner erschreckt haben soll McDonald's. Als die Fast-Food-Kette in Nippon die ersten Restaurants eröffnete, kam das Werbe-Maskottchen dort angeblich überhaupt nicht gut an. Wie überall und jeder Clown auf der Welt trat der nämlich auch im Land der aufgehenden Sonne mit einem weiß geschminkten Gesicht auf. Ein weiß geschminktes Gesicht ist aber in den meisten asiatischen Kulturen ein Zeichen für den Tod. Die Kampagne schlug fehl, und kleine Japaner sollen schreiend aus der Buletten-bude gerannt sein, weil sie sich vor dem bösen Onkel fürchteten.

Das ist natürlich übertrieben, aber auch an dieser drolligen Geschichte ist rein gar nichts dran. Die japanischen Kinder halten Ronald McDonald nämlich wie die meisten Kinder überall auf der Welt für einen duften Kerl, und abgesehen davon hat in Japan vor einem weiß geschminkten Gesicht kein Mensch Angst, ganz im Gegenteil.

Seine erste Filiale in Japan eröffnete der Hamburger-Brater 1971, und seitdem steht Ronald McDonald vor den Außenposten amerikanischer Esskultur bei Wind und Wetter seinen Mann. Von

Erfolglosigkeit kann also nicht die Rede sein, und im Jahr 2005 hat er sogar ein Schwesterchen bekommen, und das trotz der blassen Gesichtsfarbe. Die wenigsten Japaner werden sich nämlich allzu viele Gedanken über den Hamburger-Onkel gemacht und in ihm einfach einen Spaßvogel mit einem weiß geschminkten Gesicht gesehen haben. Wenn Japaner zu McDo-

nald's gehen, dann gerade, weil es nicht japanisch ist. Wegen seines Make-ups und der weißen Grundierung würde Ronald McDonald in Nippon zudem weniger als Leiche denn eher als Schwuler oder Onnagata durchgehen, ein Frauendarsteller im Kabuki-Theater. Das nebenbei erwähnt in Japan sehr populär ist.

Auch der Teil der Geschichte, dass Weiß in Japan die Farbe des Todes ist, stimmt nicht. In ganz Asien ist eine weiße Haut für Frauen ein Schönheitsideal, und Weiß gilt als Farbe der Schönheit und Unschuld. Während der traditionellen Hochzeitsfeierlichkeiten etwa tragen Japanerinnen ein komplett weißes «Shiromuku», wo die Silbe «Shiro» für Weiß und «muku» für Unschuld steht. Überall im Buddhismus wird Weiß als Farbe der Reinheit angesehen und als Trauerfarbe nur in Kombination mit Schwarz gebraucht. Dabei wirkt die Kombination «Schwarz-Weiß» auf Japaner eher traurig, etwa als Zeichen für eine Beerdigung, die McDonald's-Kombination «Rot-Weiß» dagegen feierlich und steht für eine Hochzeit oder auch das Neujahrsfest.

Die Legende kann man also getrost zu den Akten legen, richtig ins Fettnäpfchen getreten ist McDonald's aber in China und Mexiko. Um sich in Mexiko beliebt zu machen, hatte die Firma die Nationalflagge auf die Papier-Tischdecken drucken lassen. Ketchup-Flecken und Hamburger-Soße auf ihrer Flagge fanden die Mexikaner aber völlig daneben, und die Deckchen wurden schnell wieder eingezogen. In China wurde ein McDonald's-Spot sogar von den staatlichen Medien aus dem Programm verbannt. In dem Film ging es um Sonderangebote, zu sehen war ein Chinese, der auf seinen Knien um einen Preisnachlass bettelt. Eine solche Demutsgeste vor einem ausländischen Unternehmen gefiel den Zuschauern überhaupt nicht, es hagelte Beschwerden, und der Burgerbrater musste sich an höchster Stelle für sein mangelndes Feingefühl gegenüber der chinesischen Kultur entschuldigen.

Waschmittelhersteller in Saudi-Arabien

Status: FALSCH

Legende: Ein Waschmittelhersteller schaltete in Saudi-Arabien eine Anzeige, bei der auf dem linken Bild ein Berg schmutziger und rechts die saubere Wäsche abgebildet war. Weil die Araber aber von rechts nach links lesen, sah es für sie so aus, als sei die Wäsche nach dem Waschen schmutziger als vorher

Ein echter Klassiker unter den interkulturellen Werbepatzern ist die falsch herum gestaltete Waschmittelanzeige. Zwar variiert der Ort des Geschehens je nach Quelle und auch der Name des Verantwortlichen für das ganze Schlamassel in schöner Regelmäßigkeit, aber trotzdem ist die Legende nicht totzukriegen.

Meistens wird sie so erzählt: Als ein großer amerikanischer Waschmittelfabrikant in arabischen Ländern eine Anzeige schaltete, ging das gründlich daneben. Das Inserat zeigte eine der unter Reklamemachern beliebten Vorher-nachher-Situationen mit einer Folge von drei Bildern. Auf dem linken Foto ein Haufen schmutziger Wäsche, in der Mitte eine Waschmaschine bei der Arbeit, und rechts präsentierte eine stolze Hausfrau das Ergebnis des Waschvorgangs: porentief reine und frisch geschleuderte Handtücher. Was man nicht bedacht hatte: Da die Araber von rechts nach links lesen, sah es für sie so aus, als wäre die Wäsche hinterher dreckiger als vorher. Die Kampagne floppte.

Die Faktenlage ist also reichlich dünn. Es fehlen die Angaben zum Jahr, geschweige denn kann die Originalanzeige irgendwo bestaunt werden. Die meisten Quellen sprechen von den siebziger Jahren und Saudi-Arabien, andere von den Vierzigern und Ägypten, noch andere von Korea. Und das, obwohl man dort gar nicht von rechts nach links, sondern von oben nach unten liest. Manchmal wird auch Procter & Gamble ins Spiel gebracht. Aber die Firma ist die größte ihrer Zunft und gehört damit automatisch in den Kreis der Verdächtigen. Dafür hat die Geschichte alle Zutaten, die eine Urban Legend zu einem Publikumserfolg machen können: der mysteriöse «große amerikanische Hersteller» tritt auf, die Handlung spielt an einem für uns exotischen Ort, und ein bisschen Schadenfreude kann man sich auch nicht verkneifen, wie einfältig selbst multinationale Unternehmen sein können.

Dass irgendwann in irgendeinem arabischen Land wirklich ein solches Inserat erschienen ist, ist natürlich denkbar. Trotzdem wird die Kampagne deshalb nicht gefloppt haben. Araber sind nicht doof und mit westlicher Werbung vertraut. Und außerdem lesen die Araber ihre Schriftzeichen zwar von rechts nach links, aber nur, wenn es um Buchstaben geht. Zahlen und Bilder werden dagegen genauso wie im Westen von links nach rechts entschlüsselt.

Die Geschichte kann also guten Gewissens unter den vielen Anekdoten abgelegt werden, die über den kleinen Unterschied kursieren, dass andere Völker nicht wie wir von links nach rechts lesen, sondern umgekehrt. So berichtet in einem amerikanischen Werbemagazin ein Leserbriefschreiber aus Schweden von einem ähnlichen Malheur. Das spielt in einem wiederum unbekannten arabischen Land mit einem ebenfalls unbekannten, aber dafür großen schwedischen Anbieter von Kopfschmerztabletten. Linkes Foto: ein von einem Brummschädel geplagter Mann, das mittlere Bild zeigt ein Glas Wasser mit einer Tablette drin und die rechte Abbildung den gleichen Herrn wieder quietschfidel.

Babyfleisch in Afrika

Legende: Der Versuch, Babynahrung in Afrika zu verkaufen, ging daneben, weil die Einheimischen dachten, in den Gläsern sei Babyfleisch

Auch das Märchen um das verpfuschte Verpackungsdesign in Afrika hat Kultstatus. Die «Harvard Business Review» schrieb 1984: Als ein großer multinationaler Nahrungsmittelkonzern beschloss, Babynahrung nach Afrika zu verkaufen, verwendete die Firma das gleiche Packungsdesign wie überall auf der Welt. Auf dem Label war das Bild eines süßen Babys abgedruckt, mit einer erklärenden Bildunterschrift über den Inhalt des Glases. Afrikanische Konsumenten warfen aber nur einen Blick auf das Produkt und waren entsetzt. Weil es in Ländern, wo ein großer Teil der

Bevölkerung Analphabeten sind, üblich ist, ein Bild des Inhalts auf das Etikett zu drucken, dachten sie, das Glas enthielte Babyfleisch.

Nun zeugt zwar schon der Name «Harvard» im Titel von Seriosität, der journalistischen Sorgfaltspflicht hat das Blatt aber trotzdem nur unzureichend Genüge getan, denn Informationen über Land, Zeit und Urheber sucht man vergebens. Auch das Standardwerk «Blunders in International Business» von David A. Ricks bleibt vage, und andere Autoren haben die Geschichte dann später dem Konzern «Gerber Baby Food» angehängt. Was nicht weiter verwundert, da die Firma die Instant-Babykost erfunden hat und einer der größten Produzenten weltweit ist. Gerber selbst hat immer alles abgestritten, insgesamt kommt einem die ganze Geschichte auch ziemlich unglaubwürdig vor.

Warum das? Die Frage ist, wem Gerber oder der große Unbekannte seinen Karottenbrei verkaufen wollte. Den Eingeborenen im Busch? Wohl kaum. Erstens würde dieses Vorhaben schon an den nicht vorhandenen Verkaufsstellen und den horrenden Transportkosten scheitern, und außerdem hätten die kaum das Geld oder Interesse für teure Instant-Nahrung, wenn zuvor der Nachwuchs mit Hausmannskost jahrhundertelang gut gediehen ist. Bleibt also nur die zahlungskräftige Bevölkerung in den Städten. Und die kennt westliche Werbung und weiß sie einzuordnen. Abgesehen davon, ist der ganze Kontinent – von Tunesien bis nach Südafrika und vom Senegal bis nach Somalia – nicht von ungebildeten Einheimischen bevölkert, die alle des Lesens und Schreibens nicht mächtig sind. Und wie immer bei solchen Geschichten wird die gleiche Story noch einem anderen exotischen Land zugeschrieben. Welchem wohl? Richtig! China.

Pepsodent in Südostasien

Legende: Pepsodent verkaufte sich in Südostasien nicht gut, weil dort schwarze Zähne als Schönheitssymbol gelten

Kommen wir von Afrika nach Südostasien. Dort galten schwarze Zähne lange Zeit als Schönheitssymbol, und um diesem Ideal zu entsprechen, kauten früher in einigen Regionen die Einheimischen Betelnüsse, welche die Kauwerkzeuge tiefschwarz machten und sie zusätzlich noch vor Krankheiten schützten. In Vietnam etwa sollen noch in den dreißiger Jahren viele Menschen stolze Träger gefärbter Zähne gewesen sein. Schon vor der Eheschließung im zarten Alter von etwa zehn Jahren wurde mit dem Färben begonnen. Ein Brauch, welcher der Zahnpasta Pepsodent in den vierziger Jahren zum Verhängnis geworden sein soll.

Pepsodent ist so etwas wie die Mutter aller Zahnpasten. Die Creme ist zwar heute schon längst nicht mehr populär, aber die Werbung mit dem berühmten Pepsodent-Lächeln immer noch sprichwörtlich. Bloß eben angeblich in Südostasien nicht. Als Pepsodent das erste Mal in dieser Gegend der Welt verkauft wurde, soll die dafür gestartete Werbekampagne fürchterlich in die Hose gegangen sein. Die Anzeigen und Kinofilme griffen nämlich auf das weltweit bewährte Muster strahlend weißer Zähne zurück, aber die waren eben in Südostasien nicht angesagt. Außerdem wurde der Firma zusätzlich der Slogan «You'll wonder where the yellow went/when you brush your teeth with Pepsodent!» von vielen Asiaten ziemlich übelgenommen.

Die Geschichte wird sich aber nie so abgespielt haben, weil die Fakten nicht zusammenpassen. Die Legende besteht aus zwei Teilen, und der zweite mit dem Slogan kann schon einmal nicht stimmen. Asiaten können mit dem Begriff «Gelbe» nämlich nichts anfangen, und gelbe Belege auf Zähnen sind auch dort einfach nur hässlich.

Und dann passt der Zeitraum nicht: Pepsodent war vor allem in der Vorkriegszeit und bis Mitte der fünfziger Jahre erfolgreich, der Slogan «You'll wonder where the yellow went» wurde von 1948 bis ungefähr 1956 eingesetzt. Die Zahnpasta

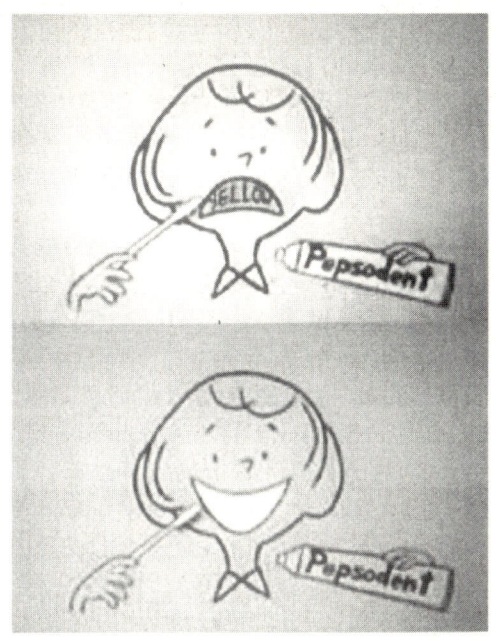

wird in Südostasien aber nur in Indonesien in größerem Stil verkauft, und das erst seit 1980. In anderen Ländern mag es nach dem Krieg die eine oder andere Importpaste oder mitgebrachte Tube im Gepäck amerikanischer GIs gegeben haben, eine spezielle Werbekampagne aber nie. Abgesehen davon, würde die sich wie auch in den beiden vorherigen Beispielen, wenn es sie denn gegeben hätte, an Großstädter wenden und nicht an einheimische Stämme. Und bei denen waren auch damals schon Pepsodent-weiße Beißerchen en vogue. Auch bei dieser Legende handelt es sich einfach um eine von irgendjemandem im Nachhinein um der Pointe willen konstruierte Geschichte.

Der Marlboro-Cowboy in Hongkong

Legende: Der Marlboro-Cowboy kam in Hongkong nicht an, weil er für einen armen Schlucker gehalten wurde

Marlboro ist die meistgerauchte Kippe und der Marlboro-Cowboy die erfolgreichste Werbefigur der Welt. Bloß nicht in Hongkong, da kam das schöne Märchen von Freiheit und Abenteuer überhaupt nicht gut an. Als Philip Morris in den späten sechziger Jahren die damalige britische Kronkolonie zu Marlboro-Country machen wollte, griff man auf die international bewährte Werbemasche zurück: Allein mit seinem Vieh verdient der Kuhhirte hoch zu Ross seinen Lebensunterhalt. Die Chinesen hielten ihn allerdings nicht wie beabsichtigt für einen harten Kerl, sondern für einen Jammerlappen. Einen armen Schlucker, der im Schweiße seines Angesichts sein Geld verdienen muss. Schwitzen ist in China kein Zeichen von ehrlicher Arbeit, sondern vor allem unangenehm. Zigaretten kann man auf diese Weise nicht verkaufen, denn kein Chinese wollte sich mit einem auf einem Pferd reitenden einfachen Arbeiter identifizieren. Der außerdem noch das falsche Pferd ritt, ein schwarzes. Schwarz gilt aber in China als Unglücksfarbe.

Bei Philip Morris reagierte man und begann am Image zu schrauben. Zuerst bekam der Marlboro Man ein weißes Pferd zugeteilt. Den Umsätzen nutzte es wenig, weil Weiß als Hochzeitsfarbe ein sehr weibliches Image hat. Erst nachdem man ihn in einen Truck setzte, ging es bergauf. Er sah zwar immer noch aus wie ein Cowboy, war aber deutlich jünger, besser gekleidet, und – ganz wichtig – der Truck und das Land, auf dem er steht, gehörten ihm. Danach stiegen auch die Verkaufszahlen.

Guinness in Hongkong

Legende: Guinness verkaufte sich in Hongkong schlecht, weil das starke Bier dort als ein Frauengetränk und Stärkungsmittel in der Schwangerschaft gilt

Dass die Uhren in Hongkong anders ticken, mussten auch die Iren erfahren, als sie ihr Nationalgetränk Guinness wie überall als echtes Männergetränk anpreisen wollten. Was bei den Chinesen nur Kopfschütteln auslöste. Jeder Mann, der es wagte, in Hongkong ein Guinness zu bestellen, wurde nämlich gefragt, ob er gerade seine Tage habe. Das starke Gebräu ist, aus welchem Grund auch immer, in Teilen Chinas irgendwie in den Ruf gekommen, besonders wohltuend in der Schwangerschaft oder während der Zeit der Menstruation zu sein. Und in Indonesien gilt das Starkbier sogar als Aphrodisiakum für Frauen vor dem Liebesspiel. Seine größte Wirkung entfaltet es angeblich zwei Stunden vorher, weil die Damen dann beschwipst sind.

Die Iren waren aber nicht die Einzigen, die in Hongkong Lehrgeld zahlen mussten: Im wahrsten Sinne des Wortes den falschen Hut auf hatte ein amerikanischer Putzmittelfabrikant. In einem Werbespot warfen gutgelaunte Menschen einen grünen Hut nach einem Mann, und der landete auf dessen Kopf. Was man offenbar nicht wusste: Ein grüner Hut ist ein altes chinesisches Symbol für einen gehörnten Ehemann. Nicht mit Hüten, aber mit Blumen hatte die Fluggesellschaft United Airlines in Asien Probleme. Bei den ersten Flügen gab es Anlaufschwierigkeiten, wie Verspätungen und was sonst noch so bei Fluglinien üblich ist. Als kleine Entschuldigung wurden den weiblichen Fluggästen weiße Nelken überreicht. Weiße Nelken sind in Asien aber ein Zeichen für Tod und Unglück. Seitdem werden zu solchen Anlässen rote Nelken gereicht.

Toyota in China

Legende: Toyota bekam in China Ärger, weil in einem Spot ein steinerner Löwe einem Auto salutierte

Böse beleidigt hat der japanische Autobauer Toyota die Chinesen im Jahr 2006. Auf Anzeigen salutierten steinerne Löwen in unterwürfiger Stellung vor einem Toyota-Prado-Geländewagen. Löwen gelten in China aber als Symbole der Autorität, und dass chinesische Löwen einem japanischen Auto die Ehre erweisen, verärgerte das Publikum sehr. Fatalerweise erinnerten die Pfeiler der Brücke, auf dem die Löwen standen, auch noch an jene Brücke, über die japanische Truppen 1937 in Peking eingefallen waren, und «Prado» bedeutet in einem der vielen chinesischen Dialekte «Überlegenheit». Als auf einem weiteren Motiv ein Toyota-Jeep einen chinesischen Militärlaster aus dem Dreck schleppte, war das Maß voll, und die Japaner mussten den Werbefeldzug kleinlaut einstellen.

Auch der Turnschuhhersteller Nike machte sich auf ähnliche Weise unbeliebt. In einem Werbefilm dribbelte US-Basketball-Star LeBron James einen Cartoon-Kung-Fu-Meister und mehrere Drachen aus. Die chinesischen Behörden verboten die Reklame, weil sie die nationale Würde verletze, Nike musste sich entschuldigen. Das musste auch VW, als die Wolfsburger Chinas U-Bahn-Fahrer verärgerten. Um dem Absatz des Polo Beine zu machen, hingen im Jahr 2006 an den Eingängen von Shanghais Subway-Stationen Plakate, auf denen zu lesen stand: «Während einige Menschen in stickigen U-Bahn-Stationen warten müssen, fahren manche mit dem Polo, wohin immer sie wollen.» Die vielen Chinesen, die lediglich von einem Auto träumen können, fühlten sich aber von dem Spruch diskriminiert. Der Polo kostet in China 9000 Euro, das

Durchschnittseinkommen selbst der wohlhabenden Stadtbevölkerung beläuft sich aber gerade einmal auf 16 000 Euro im Jahr. VW musste die schönen Anschläge abhängen.

Pampers in Japan

Legende: Pampers-Windeln verkauften sich in Japan nicht gut, weil die Japaner den Storch für einen Unglücksvogel halten

Der Konzern Procter & Gamble ist der Erfinder der Höschenwindel. Anfang der fünfziger Jahre sicherte sich die Amerikanerin Marion Donovan ein Patent für den sogenannten Boater, eine Windelhose aus Fallschirm-Nylon mit Druckknöpfen. Die Erfindung ging 1956 an den Geschäftsmann Victor Mills, und ein Jahr später kaufte Procter & Gamble dessen Firma «Chamin Paper Company» auf und beauftragte ihn, eine Höschenwindel zu entwickeln. Das Resultat war die erste Wegwerfwindel der Welt, die 1961 unter dem Namen Pampers auf den Markt kam. Und da Tradition ja verpflichtet, sollte Pampers zehn Jahre später auch in Japan in die Regale geschoben werden.

Was anfangs gründlich danebenging. Windelwerbung funktioniert überall in der Welt nach dem gleichen Muster. Eine heile Familienwelt wird gezeigt, und zumindest in früheren Jahren spielte auch meistens ein Storch dabei eine Rolle, denn der bringt ja die Babys. So auch in Japan. In den Fernsehspots war der Held ein fliegender Storch, der ein Baby in einer Pampers-Windel in seinem Schnabel transportierte. Was die Japaner ziemlich irritierte. Sie verstanden nicht, warum denn ausgerechnet ein Vogel Windeln liefern sollte. Und – noch viel schlimmer – anders als im westlichen

Brauchtum bringen Störche in der Mythologie des Ostens keine Babys, sondern gelten als Unglücksbringer, die schlimmstenfalls sogar Säuglinge aus dem Kinderwagen stehlen.

Ein Sinnbild, das auch japanischen Eltern gefallen hätte, wären Pfirsiche gewesen. Eine bekannte Fabel aus dem 14. Jahrhundert erzählt nämlich, dass Babys in riesigen Pfirsichen friedlich den Fluss hinunterschwimmen und dann zu den Eltern kommen, die es verdient haben. Störche flößen Japanern dagegen eher Unbehagen ein.

Dass man sich besser mit den kulturellen Gepflogenheiten eines Landes auseinandersetzt, bevor man ihm Lippenstift verkaufen will, erfuhr auch eine Kosmetikfirma. Der dramaturgische Höhepunkt im Reklamespot war eine Szene, in der eine junge Dame den Meeresgott Neptun nur durch die Wirkung ihres Lippenstiftes wiederbelebte, frei nach Dornröschen. Die Japanerinnen hatten aber nicht die geringste Ahnung, wer der Herr mit der großen Forke war und warum sie den abbusseln sollten, weil sie mit der griechischen Mythologie nicht vertraut sind.

Ein amerikanischer Golfball-Hersteller wiederum wurde mit seiner Verpackung in Japan nicht glücklich. Überall auf der Welt werden Golfbälle in Viererkartons angeboten, bloß in Asien nicht. Da ist die Vier nämlich eine Unglückszahl. Und da Asiaten ja bekanntlich sehr abergläubisch sind, machten sie einen weiten Bogen um die Bälle. Zudem klingt das amerikanische «four» auch noch ähnlich wie das japanische Wort für Tod.

Dosensuppen in Großbritannien

Legende: Campbell fuhr in Großbritannien Millionenverluste ein, weil die Briten nicht wussten, dass man dem Suppenkonzentrat Wasser hinzufügen musste

Der Erfinder der Dosensuppe ist die Campbell Soup Company. Weltbekannt wurden die rot-weißen Büchsen durch Andy Warhol, dem die schicke Konserve als Vorlage für seine legendären «Campbell's Soup Cans» diente, 32 Bilder von Suppendosen in unterschiedlichen Geschmacksrichtungen auf Leinwand, die er 1962 auf seiner ersten Ausstellung in der Ferus Gallery in Los Angeles zeigte und die der erste Schritt auf dem Weg zu späterem Weltruhm waren.

Gegründet wurde die Campbell Soup Company 1869 gemeinsam von dem Obsthändler Joseph A. Campbell und dem Kühlgerätehersteller Abraham Anderson mit dem Zweck, haltbare Lebensmittel in Konserven, wie Gemüse, Suppen und Fleisch, herzustellen. Der Durchbruch kam knapp dreißig Jahre später, als der Deutschstämmige John T. Dorrance für Campbell ein neues Verfahren zur Produktion von Suppenkonzentraten entwickelte, die nur noch halb so viel Wasser enthielten wie vorher. Dafür gab es im Jahr 1900 auf der Weltausstellung in Paris eine Goldmedaille, die noch heute auf jeder Dose prangt.

Das berühmte Design mit dem charakteristischen Farbschema hat 1898 Herberton Williams entwickelt, der sich dabei von den Trikots des Football-Teams der Cornell-Universität inspirieren ließ. Ein bekannter Werbeträger war Ronald Reagan, der in seinen jungen Jahren für Campbell Saft der Sorte «V8» schlürfte.

Einen der größten Marketingflops aller Zeiten landete Campbell allerdings, als die Firma den Engländern die Konzentrate schmackhaft machen wollte. Das war 1933, und in die Kampagne wurde die damals gigantische Summe von 30 Millionen Dollar gepumpt. Das aber völlig vergebens, denn die schrulligen Briten konnten sich mit den kleinen Dosen überhaupt nicht anfreunden, weil sie es nicht gewohnt waren, einem Konzentrat Wasser hinzuzufügen. Sie hielten deshalb die kleinen Portionen für viel zu teuer.

So wird die Geschichte zumindest erzählt, aber ganz so stimmt sie natürlich nicht. Briten sind zwar eigen, aber dass in ein Konzentrat Wasser gehört, wussten sogar sie. Der Millionenflop kam dadurch zustande, dass den meisten Engländern oder Schotten die Suppen einfach nicht schmeckten. Sie bevorzugten andere Geschmacksrichtungen, die Dosen waren ihnen zu klein und die Werbung viel zu amerikanisch. Andere Länder, andere Suppen eben.

Schief ging auch der Markteintritt von Campbell in Japan. Aus Erfahrung klug geworden, wurde zuvor eine Menge Geld in die Marktforschung gesteckt und eine speziell auf die japanische Kultur zugeschnittene Werbekampagne entwickelt. Und auch alle Geschmackstests zeigten, dass die Suppen den Japanern hervorragend mundeten. Geholfen hat das alles nichts. Japaner kaufen täglich ein, und das meistens zu Fuß oder mit dem Fahrrad. Aber den zierlichen Japanerinnen waren die großen Suppendosen einfach viel zu schwer, um sie im Netz nach Hause zu transportieren.

Nike überall

Legende: Nike musste Laufschuhe vom Markt nehmen, weil das Logo wie die Schriftzeichen für Allah aussah

1997 musste Nike mehr als 38 000 Paar Sneakers des Modells «Air Sneakers» wieder vom Markt nehmen. Der Grund war das «Flaming Air»-Logo, welches hinten auf den Fersen prangte. Das ähnelte aber den arabischen Schriftzeichen für Allah, und ihre Schriftzeichen sind für Muslims heilig und haben auf profanen Alltagsgegenständen nichts verloren. Bei dem Sportschuhhersteller war man sich wahrscheinlich der Ähnlichkeit gar nicht bewusst und fand die verschnörkelten Zeichen einfach schick.

Auch Karl Lagerfeld unterlief ein ähnliches Missgeschick. Als der 1994 neue Abendkleider vorführte, dekorierte er einige der kurzgeschnittenen Chanel-Kostümchen mit arabischen Schriftzeichen und musste sich hinterher dafür entschuldigen. Ganz dumm lief es für «Croscill Home Fashions», einen Fabrikanten von Badezimmerzubehör aus New York. Die Firma ließ zur Dekoration arabische Schriftzüge auf Waschlappen und Handtücher drucken, ohne deren Bedeutung zu kennen. Einer davon war aber die gebräuchliche islamische Redewendung «There is no victor but God». Die Handtücher wurden schnell aus dem Verkehr gezogen.

Status: FALSCH

Sex sells

Legende: Sex sells

Ein alter Werbemythos lautet «Sex sells». Als im Spätsommer 1953 die erste Ausgabe des «Playboy» an die Kioske kam, war erotische Werbung noch ein Tabu, und Zeitschriften mit unbekleideten Frauen auf der Titelseite wurden nur unter der Ladentheke verkauft. Beim Playboy war sich selbst Herausgeber Hugh Hefner nicht sicher, ob es noch eine zweite Ausgabe geben werde. Die gab es, wie wir heute wissen, und auf dem ersten Cover war die junge Marilyn Monroe zu bewundern, die gerade mit ihrem ersten Film «Niagara» für Aufsehen sorgte. Hefner hatte für 300 Dollar die Rechte an Nacktfotos erworben, die der Fotograf Tom Kelly aus Los Angeles von der damals noch unbekannten 19-Jährigen geschossen hatte. Aus dieser Zeit stammt auch das berühmte Zitat «Ich trage nichts als Lippenstift und Chanel No. 5». Das Titelfoto und die Playboy-Anzeigen gingen um die Welt, und seitdem heißt eine eherne Werbeweisheit «Sex sells».

So viel zur Begriffserklärung, und jetzt zu der eigentlichen Frage, ob Reklame mit erotischen Inhalten besser verkauft. Studien zu dem Thema gibt es Dutzende, aber wie immer, wenn vier Experten zusammensitzen, haben sie fünf Meinungen, und alle sind wissenschaftlich fundiert, je nach Interessenlage und Auftraggeber. Übereinstimmend sagen aber die meisten Untersuchungen, dass Sex in der Werbung vom Produkt ablenkt. Insbesondere Männer können sich umso schlechter an den Urheber oder Inhalt einer Reklame erinnern, je mehr aufreizende Bilder zu sehen waren. Ganz

schlecht ist es, wenn Fernsehwerbung im Umfeld von schlüpfrigen Sendungen platziert wird, denn kaum jemand wird sich die Spots einprägen. Egal ob Mann oder Frau.

Herausgefunden haben das die britischen Psychologen Ellie Parker und Adrian Furnham vom University College in London. Die Forscher spielten Testpersonen verschiedene Fernsehserien vor, und anschließend wurde abgefragt, was man denn alles behalten hätte. Eine erste Gruppe, die eine Folge der Serie «Sex and the City» vorgesetzt bekam, konnte sich nur noch daran erinnern, dass die Sendung viermal durch Werbepausen unterbrochen wurde. Das war's aber auch schon, welche Spots gezeigt wurden, wusste niemand mehr.

Ganz anders die zweite Gruppe. Die durfte sich eine Folge der Sendung «Malcolm mittendrin» anschauen, eine Sitcom, die durchaus als anspruchsvoll gilt, ganz ohne erotische Inhalte auskommt und deren Held, der hochbegabte Malcolm, mit einem IQ von 165 ausgestattet ist. Was offenbar auf das Erinnerungsvermögen der Probanden durchschlug: Insbesondere an die Bier- und Shampoo-Spots erinnerten sich die meisten Teilnehmer erstaunlich gut – und das ganz besonders dann, wenn auch die Werbung ganz ohne sexuelle Anspielungen auskam.

Aber wie gesagt, vier Experten, fünf Meinungen. Eine belgische Studie von 2008 will nämlich genau das Gegenteil herausgefunden haben. Nach den Forschungsergebnissen des Wirtschaftsprofessors Siegfried Dewitte macht Reklame mit Bildern nackter Frauen die Männer nämlich blind für überhöhte Preise. Vor allem ausgesprochene Machos hätten hier einen wunden Punkt: Je mehr Testosteron, desto weniger Preisbewusstsein bei sexuellem Reiz.

Laut Dewitte könnte der Inhaber eines Zeitungsladens seinen Umsatz mit schlüpfrigen Bildern leicht steigern. Aber auch Frauen sollen auf Bilder knapp bekleideter Männer mit einer Veränderung ihres Konsumverhaltens reagieren. Das aber eher, wenn der sexuelle Reiz über Berührungen statt über das Auge erfolgt.

Status: FALSCH

Die Lautstärke in den Werbepausen

Legende: Die Fernsehsender drehen in den Werbepausen den Ton lauter

Nach einer Untersuchung des Verbandes der Werbeartikel-Wirtschaft fühlen sich zwei Drittel der Deutschen von den Reklamespots im Fernsehen gestört. Was nicht überrascht, denn immer, wenn es spannend wird, passiert es: Werbeunterbrechung. Und schon hämmert die Verbraucheraufklärung in gefühlt doppelter Lautstärke auf die genervten Zuschauer ein. Deshalb sind auch die meisten TV-Gucker fest davon überzeugt, dass die Sender in den Pausen den Ton hochdrehen.

Warum das so ist, darüber klaffen die Meinungen allerdings auseinander. In einer Umfrage des Online-Ablegers der Zeitschrift «Stern» gingen die meisten Antworten in die Richtung des Kommentars einer Leserin aus Bonn: «Durch die Erhöhung der Lautstärke wird die Aufmerksamkeit der Zuschauer auf die Werbung erhöht.» Und eine Dame aus Hattingen merkte noch ergänzend dazu an: «Weil viele in der Werbepause auf die Toilette oder zum Kühlschrank gehen. Damit sie die Werbung hören, wird sie lauter gemacht.»

Dann gibt es noch die Anhänger einer Verschwörungstheorie, die an ein abgekartetes Spiel glauben. Eine Leserin aus Leipzig: «Ich würde vermuten, dass es eine Absprache gibt zwischen der Werbe-Lobby und den Sendeanstalten, um Produkte gegen Bezahlung lauter zu platzieren.» Einen bemerkenswerten Beitrag steuerte auch ein offensichtlich populärwissenschaftlich belesener Herr aus Ulm bei: «Indem die Werbung lauter ist als das normale Programm, wird der Effekt der Werbung erhöht, da sich der Zuschauer bewegen muss und leiser stellen muss und damit eine Bewegung tätigt, die das Kurzzeitgedächtnis aktiviert und die eben gesehenen Bilder länger speichert.»

Das wäre sicherlich einer eigenen Untersuchung wert, aber – um jetzt zur Auflösung zu kommen – mit all diesen Unterstellungen tut man den TV-Anstalten unrecht. Jede Werbebotschaft wird in der gleichen Lautstärke gesendet wie das übrige Programm, wir empfinden sie nur als lauter.

Wie soll das gehen? Weil in Deutschland ja alles seine Ordnung haben muss, gibt es auch einen Grenzwert für die Dezibelstärke von Fernsehsendungen. Und die gilt auch für die Werbung und darf nicht überschritten werden. Um ihr Anliegen trotzdem mit größtmöglicher Wirkung unter die Leute zu posaunen, wenden die Werber einen Trick an: Sie komprimieren den Ton. Die lauten Passagen eines Spots werden gedämpft und die leisen angehoben, und deshalb dröhnen laute und leise Töne, zu einem Schallbrei vermischt, aus den Boxen. Dadurch wirkt der Spot insgesamt lauter, denn während sich beim normalen Programm die lauten und leisen Töne abwechseln (und deshalb als angenehmer empfunden werden), gibt es in der Werbung keine Schwankungen in der Geräuschkulisse und somit auch keine leisen Stellen. Ein Spielfilm, in dem ein Schuss fällt und in dem ansonsten nicht viel passiert, hat den gleichen Spitzenpegel wie ein Media-Markt-Spot, in dem die ganze Zeit ein Musikjingle im gerade noch erlaubten Dezibelbereich dudelt.

Werber bestreiten zwar immer wieder, dass die Reklame mehr Lärm macht als der Rest des Programms. Doch die TV-Zeitschrift «Hörzu» wollte es schon im Jahr 2000 genau wissen und hat den unbestechlichen TÜV Bayern beauftragt, den durchschnittlichen Geräuschpegel zu vergleichen. Das Ergebnis: Die Werbung war bei allen Sendern deutlich lauter als das Programm. Der Spitzenreiter war Pro7, wo die Lautstärke der Spots rund 30 Prozent über der des Programms lag, beim ZDF waren es noch 20 Prozent. Am besten schnitt, man glaubt es kaum, RTL ab, wo sich die Reklamebotschaften in der Lautstärke so gut wie nicht vom Programm abhoben. Einige Fernsehsender beugen der Lärmbelästigung inzwischen dadurch vor, dass sie ihr Programm ebenfalls akustisch bearbeiten lassen (Sat.1) oder ihren Ausstrahlungspegel bei den Spots herunterfahren (RTL).

Gleichzeitige Werbung

Legende: Die Werbung läuft auf allen Programmen immer gleichzeitig, damit die Zuschauer nicht wegzappen

Eine andere gern geglaubte Legende ist, dass die Sender sich untereinander absprechen. Alle machen gleichzeitig Werbepause, damit niemand beim Durchzappen beim anderen Programm hängen bleibt.

Bei dem Konkurrenzkampf, den sich die Stationen untereinander liefern, ist das aber wenig einleuchtend. Denn eigentlich müssten ja die Anstalten versuchen, sich in den Werbepausen gegenseitig das Publikum abzujagen. Richtig ist, dass die nahezu zeitgleiche Ausstrahlung der Werbeblöcke ganz einfach praktische Gründe hat. Die Sender bringen die Werbung dann, wenn sie das meiste Geld verdienen, und das ist, wenn die meisten Zuschauer vor der Glotze sitzen. Die Deutschen haben dank Tagesschau, Heute-Journal und Co. eine starke Fixierung auf Zeiten wie 20.15 Uhr, 19 Uhr oder 21.45 Uhr. Und die Minuten davor oder danach waren schon immer die besten Werbezeiten. Die Privaten haben lange versucht, gegen diese Gewohnheit anzukommen, aber die Tagesschau hat sich durchgesetzt.

Zudem gibt es strenge Auflagen für die Platzierung von Werbeinseln bezüglich Länge und Abstand. Die sind wiederum unterschiedlich je nach Programm, also für Serien, Filme, Shows oder andere Formate. Und da meistens ähnliche Sendungen zur gleichen Zeit anfangen, gilt das auch für den Werbeblock, der dann nach soundso viel Minuten beginnt.

Promi-Werbung

Legende: Werbung mit Prominenten macht die Prominenten bekannt, aber nicht das Produkt

Schon in den siebziger Jahren pfiff Uwe Seeler für Hâttric-Rasierwasser, löffelte Franz Beckenbauer Knorr-Suppe, und der Bankier Hermann Josef Abs trank König Pilsener. Seitdem gibt es einen wahren Promi-Boom in den Werbespots: Waren Anfang der neunziger Jahre nur drei Prozent mit den sogenannten Testimonials besetzt, so waren es 2007 schon 15 Prozent. Und das mit steigender Tendenz.

Womit die Eingangsfrage eigentlich schon beantwortet wäre. Denn je größer das Staraufgebot in der Reklame wird, desto geringer ist die Wirkung. Die Folge: Lediglich der Prominente profitiert von der Werbepräsenz, während die Marke gar nicht mehr wahrgenommen wird, beklagt etwa das führende deutsche Werbermagazin «w&v – werben und verkaufen».

Bei Verona Feldbusch (oder Pooth, wie sie inzwischen heißt) konnten zum Beispiel laut einer Imas-Studie nur sieben Prozent der Zuschauer richtig zuordnen, für welche Marke die Moderatorin

Da werden Sie geholfen!

telegate

überhaupt wirbt. Und eine weitere Umfrage kam zu dem Ergebnis, dass Pooth/Feldbusch mit ihrer Dauerpräsenz auf dem Bildschirm das beworbene Produkt in den Schatten stellt. Bei ihrem berühmt gewordenen Spruch «Da werden Sie geholfen» stellten fast alle Befragten eine Verbindung zu Verona Feldbusch her, aber gerade einmal zwei Prozent zu Auftraggeber Telegate. Und eine internationale Studie von Readers Digest fand sowieso heraus, dass für 76 Prozent der potenziellen Käufer die Qualität des Produkts kaufentscheidend ist und nur 17 Prozent Prominenten in der Werbung vertrauen. Dagegen genießen bestimmte Marken wie Nivea, Persil oder Aspirin höchstes Vertrauen. So war Nivea in allen 14 an der Untersuchung teilnehmenden Ländern die Marke mit dem höchsten Vertrauenswert.

Status: WAHR

Unterschwellige Werbung

Legende: Mit unterschwelliger Werbung können Käufer beeinflusst werden

Zwar wurde an anderer Stelle dieses Buches behauptet, dass unterschwellige Werbebotschaften rausgeschmissenes Geld sind, aber eine Einschränkung gibt es: Stimmungen lassen sich so tatsächlich beeinflussen, wie Wissenschaftler inzwischen bewiesen haben. Niederländischen Forschern zum Beispiel ist es gelungen, Testpersonen durch unterschwellige Werbebotschaften zur Wahl einer bestimmten Sorte Eistee zu animieren. Aber um etwaigen Befürchtungen der Verbrauchermanipulation im großen Stil gleich entgegenzutreten: Ein latentes Bedürfnis muss schon vorhanden sein. Die Werbung kann dieses zwar verstärken, aber nicht herstellen.

Die besagte Studie fand an der Universität Nimwegen statt. Den 105 Probanden wurde zunächst Salzgebäck gereicht, und dann mussten an einem Computermonitor B gezählt werden. Was nur ein Vorwand war, damit die Probanden sich auf den Monitor konzentrierten. Auf dem ließen die Forscher nämlich für jeweils 23 Millisekunden bei einem Teil der Gruppe das Wort «Lipton Ice» aufblitzen, die anderen bekamen nur das sinnlose Wort «Nipeic Tol» angezeigt. Die versteckten Botschaften schlugen sich auf den Eisteekonsum nieder: 80 Prozent derer, die vorher angegeben hatten, dass sie durstig seien, verlangten anschließend nach einem Lipton-Eistee, der Rest begnügte sich mit Mineralwasser. Von den Durstigen aus der Kontrollgruppe taten dies nur 20 Prozent. Insgesamt zeigte sich, je größer der Durst war, desto wahrscheinlicher war der Griff nach dem Eistee.

Auch wenn James Vicarys Experiment längst als Fälschung entlarvt ist, glauben inzwischen viele Wissenschaftler, dass an der «subliminalen Wahrnehmung» durchaus etwas dran sein könnte. Dass Gehirn nimmt Informationen auf und verarbeitet sie, ohne dass das dem Menschen ins Bewusstsein dringt.

Der schwedische Emotionsforscher Arne Öhmann etwa untersuchte die Wirkung extrem kurzer visueller Reize, die nur 50 oder 80 Millisekunden lang andauern. Er präsentierte männlichen Versuchsteilnehmern Bilder schöner Frauen. Jedem dieser Bilder schickte er für einige Millisekunden das Bild einer Schlange, einer Spinne oder wiederum einer schönen Frau voraus. Das erstaunliche Ergebnis: Diejenigen Damen, vor deren Bild ganz kurz Reptilien oder Insekten aufblitzten, wurden als weniger attraktiv beurteilt als die, denen das Frauenporträt vorausging. Die Fachleute nennen diesen Vorgang unbewusstes Priming, was so viel heißt wie Vorbereitung oder Anbahnung. Vorbereitet wird eine bestimmte Reaktion, in diesem Fall das Urteil über die Frau: Tiere, die eher als unangenehm empfunden werden, wie die Schlange oder die Spinne stellen einen unbewussten Hinweis dar, der das Urteil prägt.

Doch nicht nur Bilder wirken – sogar Wörter und Begriffe, die blitzartig auftauchen, können die Wahrnehmung beeinflussen. In einer Studie der Jacobs University Bremen wurde die Auswirkung von Alkoholbegriffen auf das Urteilsvermögen männlicher Versuchsteilnehmer untersucht. Wohlgemerkt: Es ging nur um Wörter und dann auch noch um solche, die nur 80 Millisekunden lang erschienen – Begriffe wie Cocktail, Rum, Wein oder Schnaps.

Die Versuchsteilnehmer wurden zunächst gebeten, einen Reaktionstest zu machen. Sie sahen Blitze auf einem PC-Monitor und sollten darauf möglichst schnell reagieren, indem sie mit der rechten oder linken Hand eine bestimmte Taste drückten. Es folgte ein Bildertest: Präsentiert wurden den Männern 21 Fotografien von Frauen mit unterschiedlichen Gesichtszügen und verschiedener ethnischer Herkunft. Die Versuchsteilnehmer sollten jetzt die Attraktivität der Frauen auf einer 9-Punkte-Skala bewerten. Der Trick dabei: Die Blitze des Reaktionstests enthielten bei einer Gruppe von Probanden Alkoholwörter, bei einer anderen die Bezeichnungen nichtalkoholischer Getränke wie Kaffee, Wasser oder Tee. Das Ergebnis: Die Probanden, denen Alkoholbezeichnungen präsentiert wurden, bewerteten die Frauenfotos positiver. Allerdings funktioniert dieses Alkohol-Priming nur bei Männern, die glauben, dass Alkohol ihren Sexualtrieb steigert. Wer der Ansicht war, Alkohol dämpfe den Trieb, bewertete die Frauenfotos sogar deutlich negativer als der Durchschnitt. Zusammenfassend sagen die Wissenschaftler, dass unterbewusstes Werben nur dann funktionieren kann, wenn schon ein generelles Bedürfnis für ein Produkt besteht.

Aber reichen 23 Millisekunden tatsächlich, um eine Botschaft zu vermitteln? «Solche unterschwelligen Signale kommen an», sagt Christian Elger, der am Life & Brain Center Bonn die Hirnaktivitäten von Konsumenten untersucht. «Das kognitive System eines Menschen wird auch durch einen derart kurzen Reiz schon angeregt», betätigt auch Thorsten Pachur vom Max-Planck-Institut für Bildungsforschung in Berlin. Und das genügt offenbar, um in einer Entscheidungssituation den Ausschlag zu geben. «Je schneller man etwas verarbeiten kann, desto positiver steht man ihm sogar gegenüber», sagt Pachur. So erscheint Lipton-Eistee vielleicht einen Tick vertrauter als die Alternative, und der Konsument greift zu.

Motivforschung

Legende: Der bekannte Motivforscher Ernest Dichter will herausgefunden haben, dass der Wagen mit Schiebedach für Männer ein Kompromiss zwischen Geliebter und Ehefrau ist

Als intimer Kenner der Konsumentenseele tat sich in den fünfziger Jahren der Motivforscher Ernest Dichter hervor. Dichter, gebürtiger Österreicher und 1938 in die USA emigriert, gründete 1946 in New York das «Institute of Motivational Research», die Geburtsstätte der Motivforschung. Die war nichts anderes als die Frage nach dem «Warum». Dichter will unter anderem herausgefunden haben, dass Kuchenbacken für eine Frau stellvertretend für Nicht-mehr-gebären-Können steht, und, so der Ratschlag, die Werbeleute brauchen sich nur dieser Symbolik zu bedienen, um den Absatz von Kuchenmehl gehörig zu steigern.

Ob das so richtig war, soll einmal dahingestellt bleiben, seine berühmteste Studie führte Dichter jedenfalls für die Chrysler Corporation über die «Psychologie des Autokaufs» durch. Der Autohersteller stand damals vor dem Problem, dass eines seiner neueren Modelle, der Plymouth, bei der Kundschaft nicht wie gewünscht ankam. Dichter nahm sich des Falles an, und nach etwa 100 sogenannten Tiefeninterviews mit potenziellen Kunden fand er Bahnbrechendes heraus: nämlich, dass Frauen bei der Kaufentscheidung für ein Automobil eine wichtige Rolle spielen. Was heute eine Binsenweisheit ist, sorgte damals für Erstaunen, aber seitdem schaltet die Autoindustrie Anzeigen auch in Frauenzeitschriften; der Absatz des Plymouth zog an.

Eine weitere Erkenntnis dieser Studie war, dass die Präsentation eines Cabriolets für den Absatz einer Modellreihe wichtig ist. Obwohl der Verkauf dieser Spezies nur minimal zu Buche schlug, war ihre symbolische Bedeutung außerordentlich: Der Auftritt eines Cabrios im Schaufenster eines Händlers zog Kunden an, die sich zunächst für den flotten Wagen interessierten. Im Laufe der Beratung entschieden sie sich dann gleichwohl in der Regel für einen Alltagswagen. Autos, so der Marketingexperte, seien Objekte sexueller Begierde. Im Unterbewusstsein eines männlichen Autokäufers stehe das Cabriolet für Jugendlichkeit und Geschwindigkeit und für ein erotisches Abenteuer mit einer heimlichen Geliebten. Limousinen würden von denselben Käufern dagegen eher mit der eigenen Ehefrau und der Sicherheit einer festen Beziehung verbunden werden. Männer mittleren Alters entschieden sich daher letztlich dafür, eine konservative und komfortable Limousine zu kaufen. Für einen Wagen also, der sie an die Bequemlichkeit ihres Zuhauses und an die Vertrautheit ihrer Ehefrau erinnere.

Noch interessanter war die Schlussfolgerung Dichters, den Autokäufern müsse ein Kompromiss zwischen Geliebter und Ehefrau in Gestalt eines Zwischendings zwischen Limousine und Cabriolet propagiert werden: der Wagen mit Schiebedach. Aus der nicht zu bestreitenden Tatsache, dass sich der Wagen gut verkaufte, leitete Dichter den Beweis für die Stichhaltigkeit seiner Thesen ab.

Die Geschichte von einer Chicagoer Werbeagentur, die den Zyklus der Frau und seine psychologischen Begleiterscheinungen untersucht hat, um die Momente zu entdecken, in denen bestimmte Lebensmittel die stärkste Anziehungskraft auf sie ausüben, ist zu sinnig, als dass man nicht daran glauben möchte.

Die McDonald's-Farbkombination

Legende: Die Farbkombination von McDonald's soll Kunden dazu bringen, das Restaurant schnell wieder zu verlassen

Bis vor wenigen Jahren waren alle McDonald's-Restaurants weltweit in den Farben Rot und Gelb gehalten. Eine alte Legende behauptet nun, diese Kombination solle die Kunden unbewusst dazu bringen, das Restaurant schnell wieder zu verlassen, um so Platz für neue Kunden zu schaffen. Ganz abgesehen davon, dass dies die meisten sowieso tun würden, tut man dem Unternehmen da wohl unrecht.

McDonald's selbst gibt zu dem Thema keine befriedigende Auskunft. Die Farbpsychologie lehrt aber, die Kombination stehe für eine gesteigerte Signalwirkung, außerdem wird den Farben Rot und Gelb eine appetitanregende Wirkung nachgesagt. Innenarchitekten etwa empfehlen sie für Kantinen und Speisezimmer. Auffallend ist auch, dass viele Fast-Food-Ketten in den USA – und da kommt McDonald's her – wie etwa Burger King, Wendy's oder Carl's alle die Farben Rot und Gelb verwenden. Im Endeffekt dürfte wohl die deutliche Signalwirkung der beiden Farben entscheidend sein.

Nicht gut angekommen sind die McDonald's-Farben jedenfalls in Istanbul. Am Stadion des dortigen Fußballvereins Besiktas Istanbul steht der einzige schwarz-weiße McDonald's der Welt. Nach mehreren Brandanschlägen auf das Restaurant verzichtete der Konzern hier auf seine angestammten Farben, da dies die Vereinsfarben des Erzrivalen Galatasaray Istanbul sind.

Status: FALSCH

Die Piemontkirsche

Legende: Piemontkirschen kommen aus dem Piemont

Mon Chéri gibt es seit 1957, die berühmte Sommerpause seit 1964, nachdem in dem extrem heißen Sommer 1959 ein Großteil der Produktion vergammelt war. Die Lieblingspraline der Deutschen ist mit Kirschlikör und einer sogenannten Piemontkirsche gefüllt, und von der Verpackung bis zu den Fernsehspots will uns der Hersteller Ferrero weismachen, dass es sich bei der schnapsgetränkten Biomasse in einer jeden Mon Chéri um etwas ganz Besonderes handelt. Nämlich um eine Kirsche aus einer der schönsten Regionen Europas, dem Piemont.

So etwas wie eine Piemontkirsche gibt es aber gar nicht. Die Sorte haben sich schlaue Leute in der Werbeabteilung von Ferrero ausgedacht, die Kirschen in der Praline kommen aus allen möglichen Gegenden Europas und können ebenso gut in der Ukraine gepflückt worden sein. Piemontkirsche ist keine Herkunftsbezeichnung, sondern lediglich ein geschützter Markenname von Ferrero, dessen Firmensitz früher im italienischen Piemont lag, daher der Name.

Bei Ferrero trickst man gerne so. Auch die byzantinischen Königsnüsse in der Schokoladenkugel Rocher («Ich geb mir die Kugel») stammen weder aus der Hauptstadt des untergegangenen oströmischen Reiches noch aus Konstantinopel oder Istanbul, und kein Nussimporteur hat je von dieser Art gehört. Aus dem gleichen

Haus kommt auch das Pfefferminzbonbon Tic Tac, das seine besondere Wirkung («Maximale Atemfrische bei gerade mal 2 Kalorien pro Stück») der Carmagnola-Minze verdankt, die ausschließlich am Fuße der Alpen im Piemont wachsen soll. Hinter dem wohlklingenden Namen verbirgt sich aber eine ganz normale Minze, die in dem Industriegebiet, in dem die Produktionsfirma ansässig ist, überall am Straßenrand wächst. Carmagnola ist eine Stadt in der Nähe von Turin, und in keinem Biologiebuch wird man eine Minzgattung mit diesem Namen entdecken.

Ein Werbeexperte meint dazu: «Wenn durch die Globalisierung weltweit die Identität von geographischen Orten schwindet, werden Orte interessant, die noch für etwas stehen. Byzanz, Piemont, Carmagnola – das sind Teile einer symbolischen Geographie im Kopf des Konsumenten. Ein Punkt auf der geistigen Landkarte, den Werbespot oder Etikett nur beim Namen nennen müssen, um eine Fülle von Assoziationen auszulösen. Ob eine Zutat wirklich aus dem genannten Ort stammt, ist dabei ziemlich nebensächlich.»

Da kann man zwar geteilter Meinung sein, aber darum geht es ja hier nicht. Jedenfalls wird man auch so etwas wie eine Cabua-Kakaobohne, die angeblich dem Dany-Plus-Sahnepudding («Davon krieg ich nie genug») von Danone seinen tollen Geschmack geben soll, in der Natur vergeblich suchen.

Probiotische Joghurts

Legende: Probiotische Joghurts stärken die Abwehrkräfte

Mit schmissigen Slogans wie «Guten Morgen, Gesundheit» oder «Ein täglicher Beitrag zu Ihrer Gesundheit» werben die Hersteller von probiotischen Joghurts und versprechen wahre Wunderdinge. Angereichert mit Milliarden von kleinen Bakterien beugen die kleinen Fläschchen zum großen Preis angeblich allen möglichen Krankheiten vor oder machen im Nu wieder gesund. Bewiesen ist davon allerdings noch so gut wie nichts, und ganz normale Joghurts, Kefir oder Buttermilch sollen die gleiche Wirkung haben, wenn es denn eine solche gibt.

Probiotika sind gezüchtete Stämme von Mikroorganismen (meistens Milchsäurebakterien), die aus der menschlichen Darmflora isoliert wurden. Im Körper sollen sich möglichst viele von ihnen an die Darmwände anlagern und dort eine optimal funktionierende Darmflora schaffen. Ihnen wird eine ganze Reihe von wohltätigen Effekten nachgesagt, wie etwa die Steigerung der natürlichen Abwehrkräfte des Körpers oder die Vorbeugung gegen Infektionskrankheiten.

Das klingt überzeugend. Verlässliche Studien über den wirklichen Nutzen stehen aber noch aus. Zum Beispiel bei der Stärkung der Abwehrkräfte: Dass probiotische Bakterien das Immunsystem stimulieren, ist zwar richtig, aber bisher hat man immer nur einzelne Effekte entdeckt, wie zum Beispiel die Erhöhung der Zahl bestimmter Immunzellen im Blut. Bei der Krankheitsabwehr arbeiten aber viele verschiedene Zellen in komplizierten Prozessen zusammen. Die Vermehrung oder Aktivierung einzelner Zelltypen ist deshalb noch lange kein Beweis für eine verbesserte Abwehr gegen Krankheitserreger.

Im Idealfall sollen sich die probiotischen Bakterien dauerhaft an die Darmwand anlagern und dort ihre Arbeit tun, wie etwa Krankheitskeimen zu Leibe rücken. Was in der Praxis allerdings kaum möglich ist. Eine gesunde Darmflora ist so dicht gepackt, im Dickdarm sind es 10^{10} bis 10^{12} Keime pro Gramm Darminhalt, dass Fremdkeime, also auch Probiotika, keine Chance haben und einfach mit dem nächsten Stuhlgang wieder ausgeschieden werden.

Ein Wundermittel für Fitness und Gesundheit sind probiotische Milchprodukte sicher nicht. Vor allem dann nicht, wenn man versucht, mit einem probiotischen Joghurt pro Tag einen ansonsten ungesunden Lebenswandel wettzumachen. Die Wirkung bei Durchfällen wurde dagegen inzwischen bewiesen. Allerdings werden hier auch mit herkömmlichen Joghurts gute Ergebnisse erzielt. Und was die Steigerung der allgemeinen Gesundheit und des Wohlbefindens betrifft, gibt es zwar vereinzelte Hinweise. Aber zurzeit versucht die Wissenschaft noch zu beweisen, was die Werbung längst verspricht.

Status: FALSCH

Rechtsdrehende Bakterienkulturen

Legende: Rechtsdrehende Bakterienkulturen im Joghurt sind gesünder als linksdrehende

Ein weiteres Märchen aus der Joghurtwerbung behauptet, dass rechtsdrehende Bakterienkulturen besonders gesund sind. Die meisten Wissenschaftler sind dagegen der Meinung, ob sich die Bakterien in Milchprodukten rechts-, oder linksherum drehen, machte keinen großen Unterschied.

Joghurt entsteht, wenn die beiden Milchsäurebakterien «Streptococcus thermophilus» und «Lactobacillus bulgaricus» zusammenwirken. Joghurt mild wiederum ist ein Joghurt, bei dem der «Lactobacillus acidophilus» verwendet wird. Diese milden Milchsäurebakterien bilden alle rechtsdrehende Milchsäure, die für den Menschen günstiger ist, weil sie auch im menschlichen Körper produziert und daher vom Organismus problemlos und schnell abgebaut wird. Die linksdrehende Milchsäure dagegen ist körperfremd und wird etwas langsamer verstoffwechselt.

Die Milchsäurearten sind chemisch praktisch identisch, sie unterscheiden sich jedoch hinsichtlich ihrer physikalischen Eigenschaften. Wird Milchsäure mit polarisiertem Licht bestrahlt, dreht rechtsdrehende Milchsäure das Licht nach rechts, linksdrehende Milchsäure nach links (daher die seltsamen Bezeichnungen). Während die Bakterien von Buttermilch, Sauermilch und Sauerrahm zu etwa 90 Prozent rechtsdrehende Milchsäure bilden, enthalten übliche Joghurts beide Arten. Joghurt mild enthält dagegen vorwiegend rechtsdrehende Milchsäure.

Trotzdem wird ein gesunder Mensch keinen Unterschied merken. Die rechtsdrehende Milchsäure ist zwar etwas leichter verdaulich, auf einen fitten Organismus hat dieser Unterschied nach dem derzeitigen Stand der Wissenschaft jedoch keinerlei Auswirkungen.

Status: FALSCH

Zahnhärter Fluor

Legende: Fluor macht die Zähne härter

«Damit Sie auch morgen noch kraftvoll zubeißen können», hieß es früher jeden Abend in der Zahnpastareklame. Und dass Fluor die Zähne vor Karies, Parodontose und fiesen Bakterien schützt, ist unbestritten. Wenn das Fluorid aus der Zahnpasta mit dem Kalzium im Speichel in Berührung kommt, verbindet es sich zu einer dichten Kalziumfluoridschicht. Und das hält die Beißerchen schön gesund.

Dass Fluor in Zahncremes die Zähne härter macht, ist aber ein altes Märchen der Zahnpastareklame, ärgert sich Prof. Dr. Wolfgang

Arnold von der Privaten Universität Witten/Herdecke. In verschiedenen Untersuchungen widerlegte Arnold die von den Herstellern verbreitete Behauptung. «Das ist Unsinn», sagt Arnold. «Auf Grundlage unserer Forschung können wir feststellen, dass Fluor wie ein Katalysator wirkt. Fluor ist gleichsam die Brücke, auf der Kalzium und Phosphor die Zahnstruktur durch Remineralisation verbessern.» Die Ausbreitung von Karies werde so verzögert, noch nicht befallene Zähne seien besser geschützt. Deshalb bleiben auch Zahnpasten eine der wichtigsten Quellen für Fluoride in der Mundhöhle. Härter werden die Zähne dadurch aber nicht.

Status: FALSCH

Alpenmilchschokolade

Legende: Alpenmilchschokolade wird aus reiner Alpenmilch hergestellt

In der Werbung fließt die reine Alpenmilch zwar reichlich, Schokolade wie Milka, um nur ein Beispiel zu nennen, enthält aber nur Magermilchpulver. Alpenmilch ist ebenso eine Erfindung der Werbeindustrie wie die Piemontkirsche oder die Byzantiner Königsnüsse.

Jede Milch schmeckt anders. Eine Kuh, die auf einer Wiese frische Kräuter frisst, gibt andere Milch als eine, die im Stall steht und Heu zu fressen bekommt, oder eine, die auf einem Deich salziges Dünengras abweidet. Wenn die Milch in den Molkereien nicht zusammengemischt, pasteurisiert und homogenisiert werden würde, dann könnte man das sogar schmecken.

In industriell hergestellter Schokolade schmeckt man die Herkunft der Milch jedenfalls nicht mehr. Die Food-Ingenieure achten nämlich peinlich genau darauf, dass ihr Produkt immer gleich schmeckt, und so etwas wie einen individuellen Geschmack der Milch, der sich auf die Schokolade auswirkt, können sie deshalb gar nicht zulassen. Was die Werbestrategen sagen, ist eine andere Geschichte. Alpenmilch hat jedenfalls genauso viel von den Alpen gesehen wie eine Wagner-Pizza vom Steinofen.

Verschwörungstheorien

Status: FALSCH

Das Lucky-Strike-Logo

Legende: Das Lucky-Strike-Logo symbolisiert den Sieg der USA über Japan im Zweiten Weltkrieg

Eine ziemlich obskure Verschwörungstheorie rankt sich um das Logo der Zigarettenmarke Lucky Strike. Das soll angeblich den Sieg der amerikanischen Streitkräfte über das japanische Kaiserreich im Zweiten Weltkrieg symbolisieren. An der Geschichte ist natürlich nichts dran, aber dafür ist sie ziemlich pfiffig konstruiert.

Das Markenzeichen von Lucky Strike zeigt einen roten Punkt auf weißem Grund, in dem Kreis findet sich der Spruch «It's toasted». Interessant wird es, wenn man die Schrift und die begrenzenden Ringe weglässt und dann die Schachtel um 90 Grad dreht, dann sieht sie nämlich plötzlich mit etwas Einbildungskraft wie eine japanische Flagge aus.

Womit wir bei der Verschwörungstheorie wären. Die behauptet, das Design sei eine Anspielung auf den Atombombenabwurf auf Hiroshima und Nagasaki am 6. und 9. August 1945. Da ist zum einen die japanische Flagge mit dem roten Punkt, der angeblich einen Atompilz versinnbildlichen soll. Und auch Slogan und Name tragen eine geheime Bedeutung in sich. Lucky Strike kann mit «glücklicher Schlag» oder «glücklicher Treffer» übersetzt werden,

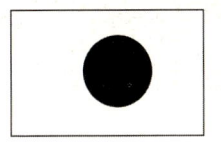

und während der Angriffe sollen die Bomberpiloten das Kraut geraucht haben und «Lucky Strike» ihr Codewort nach dem Abwurf über Hiroshima und Nagasaki gewesen sein. Der Slogan «It's toasted» wiederum soll so viel bedeuten wie «Es ist vollbracht» oder «Es ist gelungen» (der Angriff). Das klingt alles ziemlich weit hergeholt und ist es auch, aber trotzdem war und ist die Legende besonders in den USA in gewissen Kreisen sehr populär, und Hersteller BAT wehrt sich seit Jahrzehnten gegen diese Kampagne.

Aber schon die Fakten stimmen nicht. Lucky Strike gehört zu British American Tobacco, und die verkaufen die Marke unter dieser Bezeichnung seit 1917. Und der Zweite Weltkrieg fand ja bekanntlich viel später statt. «Lucky Strike» war ursprünglich der Name für einen Kautabak und wurde schon 1871 als Markenzeichen angemeldet. Die Terminologie kommt aus der Sprache der Goldgräber und steht für einen «glücklichen Fund». Der Slogan «It's toasted» wiederum wird ebenfalls schon seit 1917 eingesetzt und beschreibt den Herstellungsprozess, bei dem der Tabak geröstet und nicht wie vorher üblich in der Sonne getrocknet wird.

Aber woher kommt die Legende? Eine der erfolgreichsten Werbekampagnen der vierziger Jahre war «Lucky Strike Green Has Gone To War». Damals hatte die Lucky noch ein komplett grünes Packungsdesign. 1940 überarbeitete Raymond Loewy dann die Schachtel und entwarf das berühmte Design. Der Grund war ganz profaner Art: Die Farbe Grün gefiel den meisten Frauen nicht, wie die Marktforschung herausgefunden hatte, und BAT wollte verstärkt diese Käufergruppe ansprechen.

Aber Werbeleute wissen ja, wie man etwas verkauft, und sie bauten rund um den Farbwechsel eine patriotische Story auf.

Die US Army verbrauchte in diesen Jahren Unmengen an grüner Farbe für Tarnanzüge, Panzer und so weiter. Deshalb war der Preis in die Höhe geschnellt, und BAT behauptete jetzt einfach dreist, man wolle das Militär bei seinem Feldzug unterstützen und den Preis nicht noch weiter nach oben treiben, deshalb sei man auf einen weißen Hintergrund umgeschwenkt. Das war zwar schamlos geschwindelt, aber all diese Zutaten zusammengemixt, einmal kräftig geschüttelt, und fertig war die Verschwörungstheorie. Die japanische Flagge sah übrigens während des Zweiten Weltkriegs anders aus.

Eine andere hübsche Verschwörungstheorie um Lucky Strike behauptet, dass im Zweiten Weltkrieg in jeder hundertsten Zigarette ein Joint steckte. Aber das lassen wir einmal unkommentiert so stehen.

Der Indianerkopf auf der Lucky-Schachtel

Legende: Der Indianerkopf auf der Lucky-Strike-Schachtel zeigt ein brennendes Haus

Die Lucky-Strike-Schachtel soll noch ein weiteres Geheimnis verbergen. Bis vor wenigen Jahren war auf einer Seite der Box ein Indianerkopf abgedruckt. Und auf die Seite gedreht, soll der angeblich wie ein brennendes Haus aussehen, wobei der Mund die Tür, das Auge das Fenster und die Federn die Flammen zeigen.

Wahrscheinlich braucht man fünf Bier und vier Schachteln Lucky Strike, um überhaupt etwas zu erkennen – aber jedenfalls

verstehen böse Menschen darin einen verdeckten Hinweis darauf, dass Hersteller BAT seine Gewinne an den Ku-Klux-Klan überweist und die keine Indianer mögen.

Bei dem Indianerkopf handelt es sich um Häuptling Wahunsonacock (auch bekannt als Powhatan) aus dem 16. Jahrhundert, der sein Land an Tabakpflanzer verkaufte und zum Dank dafür zu dieser späten Ehre kam. Seine Tochter war Pocahontas, die durch den gleichnamigen Disney-Film berühmt wurde.

Status: FALSCH

Das Kokain-Männchen im Coca-Cola-Schriftzug

Legende: Auf die Seite gedreht, zeigt der Coca-Cola-Schriftzug ein schnupfendes Kokain-Männchen

Dreht man den markanten Coca-Cola-Schriftzug auf die Seite, sind mit viel Phantasie der Oberkörper und der Kopf eines Mannes mit Hut zu erkennen. Eine versteckte Botschaft, die vom Graphiker absichtlich zurückgelassen wurde, so wird es jedenfalls behauptet. Als Hinweis oder vielleicht auch Warnung davor, dass der braunen Brause zumindest in den ersten Jahren geringe Mengen Kokain beigemischt waren.

Was ja schon eine Legende für sich wäre. Und das Getränk enthielt früher tatsächlich Spuren von Koks. Der Name Coca-Cola

kommt von den zwei Geschmacksstoffen Kolanuss und Kokapflanze, und aus der Kokapflanze wiederum wird Kokain gewonnen. Als der Apotheker John Pemberton 1886 den ersten Cola-Sirup anmischte, stand das Rauschgift noch nicht in dem schlechten Ruf, sondern galt sogar als Heilmittel, das für jedermann frei zugänglich über die Ladentheke verkauft wurde. Helfen sollte es bei allerlei «Nervenleiden», wie etwa dem Kopfschmerz oder der Melancholie. Was sich erst gegen Ende des 19. Jahrhunderts ändern sollte, als Mediziner begannen, vor den Gefahren des Kokains zu warnen. Als dann immer lauter nach Maßnahmen gegen das Getränk gerufen wurde, stellte der Limofabrikant seine Produktion um, seitdem werden nur noch Kokablätter verwendet, denen zuvor der Suchtstoff entzogen wurde.

Nachdem das geklärt wäre, zu der Legende um das schnupfende Kokain-Männchen im Logo. Genau das soll der Schriftzug nämlich verbergen, und tun wir mal so, als würden wir sie ernst nehmen. Mal abgesehen davon, dass die Pinselführung, die das Männchen zeigt, selbst bei Wohlwollen gerade im unteren Teil doch ziemlich willkürlich erscheint, sprechen selbst dann die Fakten gegen eine versteckte Botschaft.

Der Schriftzug wurde 1886 von Pembertons Partner Frank Mason Robinson entwickelt und seitdem nicht mehr verändert. Robinson schrieb dazu einfach den Markennamen in dem damals sehr beliebten und weitverbreiteten Schrifttyp «Spencerian», und fertig war das Markenzeichen. Und anders als heute, wo Kokain in gewissen Kreisen durch Geldscheine geschnupft wird, wurde das Rauschmittel in dieser Zeit als Flüssigkeit zu sich genommen. Kein Mensch schnupfte damals Kokain, sondern man trank es, und das in aller Öffentlichkeit. Zu denken, dass Robinson aus welchem Grund auch immer im Jahr 1886 ein schnupfendes Kokain-Männchen in seinem Firmenlogo versteckt hat, ist ziemlich weit hergeholt.

Aber es war schon immer ein beliebtes Spiel, nach geheimen Nachrichten in bekannten Markenzeichen zu suchen, und wenn man nur lange genug sucht, wird man irgendwann auch etwas finden. Alles, was man auf die Seite dreht, sieht anders aus als aufrecht stehend, gerade bei einem so verschnörkelten Schrifttyp, wie ihn Robinson benutzt hat. Und weil in der frühen Coca-Cola tatsächlich Kokain enthalten war, war es eigentlich nur eine Frage der Zeit, bis jemand die verschlüsselte Botschaft geknackt haben wollte.

Status: WAHR

Beleidigung im chinesischen Namen von Siemens

Legende: In den chinesischen Namen von Siemens hat der Dolmetscher eine versteckte Beleidigung eingeschmuggelt

Die Übersetzung von Firmennamen ins Chinesische ist eine Wissenschaft für sich. Bei einer buchstabengetreuen Wiedergabe des Originals in der Lautzeichenschrift versteht der Chinese nämlich nur Bahnhof. Also müssen sich Dolmetscher wochenlang den Kopf zerbrechen, um eine möglichst gelungene Symbiose aus Wortklang und -sinn auszubaldowern. Der Konsument im Reich der Mitte schätzt nämlich vor allem Na-men, die eine gute Bedeutung haben und die ihm Glück bringen sollen. Traditio-

西门子

nell war die Wahl eines gelungenen Firmennamens in China deshalb ein Fall für den Feng-Shui-Meister.

Gelobt wird von den Fachleuten die Übertragung von Mercedes und BMW. BMW heißt, wie an anderer Stelle schon erwähnt, auf Chinesisch «ba-oma», was starkes Pferd bedeutet, und auf so etwas fährt der markenbewusste Chinese voll ab. «Ou-bao» (Schatz aus Europa) ist ein ähnlich wohlklingender Name für Opel. Bei Mercedes konnte sich das anfänglich favorisierte «Meisaidesi» nicht durchsetzen, weil zu kompliziert, dafür ist Benz umso beliebter. Naheliegend wäre die Zerlegung in die beiden Silben «ben» und «ci» gewesen, aber «ben» könnte leicht mit «unhandlich» verwechselt werden, und «ci» kann unter anderem auch «geringwertig» bedeuten. Und ein Auto, das «schwer zu handhaben und geringwertig» ist, wäre wahrscheinlich kein Verkaufsschlager geworden. Als zweite Silbe wurde von Daimlers Namensstrategen deshalb «chi» gewählt, was «schnell und sicher fahren» ergibt. So weit, so gelungen. Bloß in der südchinesischen Provinz Kanton ist «ben-chi» angeblich gar nicht gut angekommen, die Schriftzeichen werden auf Kantonesisch nämlich so ausgesprochen, dass man den Satz auch wie «so dumm, dass man stirbt» verstehen kann. Was von den Beteiligten allerdings abgestritten wird. Bei den Chinesen war es aber schon immer ein beliebtes Spiel, durch versteckte Anspielungen und Beleidigungen die verachteten Langnasen zu veralbern, ohne dass die es bemerkten.

Womit wir bei Siemens wären. Siemens heißt in China «Xi-men-zi», das «Tor zum Westen». Das technische Know-how des Westens wird durch «xi» symbolisiert, «men» bedeutet «Tor» und steht für die Verbindung und das Zusammenkommen, die letzte Silbe «zi» bleibt unübersetzt. Eine gelungene Wiedergabe also. Nach dem renommierten Sprachwissenschaftler Zißler-Gürtler soll der chinesische Dolmetscher aber eine zweite, weniger schmeichelhafte Bedeutung in die Schriftzeichen gelegt haben.

Die Silbe «zi» steht im Chinesischen nämlich auch für «Meister» und wird an Eigennamen angehängt. Der große Gelehrte Konfuzius etwa hieß «Kongzi», also Meister Kong. «Meister Ximen» wiederum ist die Hauptfigur des übelbeleumdeten Sittenromans «Jin Peng Mei» aus der Mingzeit (1368–1644), der als einer der bekanntesten und berüchtigtsten Romane Chinas gilt. Ximenzi wird dort als schlimmer Wüstling und hemmungsloser Lebemann ohne Ehrgefühl beschrieben, und «Xi-men-zi» kann deshalb durchaus auch als versteckte Beleidigung und Anspielung auf diesen bösen Gesellen verstanden werden.

Für Siemens stellt der Name aber trotzdem einen Glücksfall dar, da es sich um eine einprägsame Wendung handelt. Außerdem nimmt das Buch ein gutes Ende, die Hauptfigur stirbt jung an einer Überdosis Aphrodisiakum und lebt dann in seinem Sohn weiter, welcher der Welt entsagt und als buddhistischer Mönch das verwerfliche Leben seines Vaters sühnt.

Status: FALSCH

Antiislamische Parolen im Coca-Cola-Schriftzug

Legende: Der Schriftzug Coca-Cola in Spiegelschrift verbirgt eine antiislamische Botschaft

Einem schlimmen Verdacht sah sich Coca-Cola Ende der neunziger Jahre ausgesetzt: Das Logo soll eine antiislamische Parole verbreiten. Die erschließt sich dem Betrachter, wenn man zum einen den Schriftzug spiegelt, dann all die verschnörkelten Verzierungen weglässt und zusätzlich noch zwei der Buchstaben verändert.

(La Muhammad, La Macca)

Dann, behaupten zumindest einige Menschen, die der Firma Böses unterstellen, können mit viel gutem Willen die arabischen Schriftzeichen für «Kein Mohammed, kein Mekka» entziffert werden.

Diese Lesart ist natürlich genauso willkürlich wie falsch, aber nachdem es in einigen arabischen Ländern Boykottaufrufe gab und es sogar zu mehreren Demonstrationen kam, musste Coca-Cola etwa in Ägypten Umsatzeinbußen von bis zu 15 Prozent hinnehmen.

Absolution kam schließlich von höchster Stelle. Der Coca-Cola-Manager für den Mittleren Osten gab im Mai 2000 bei einem der führenden Geistlichen in Ägypten, dem Großmufti Scheich Nasser Farid Wassel, ein Gutachten in Auftrag, und der erklärte das Warenzeichen dann auch für unbedenklich. Und auch die Sprachforscher des renommierten «Ilfta'a Institute», der anerkannten wissenschaftlichen Autorität im islamischen Recht, hatten keinerlei religiöse Bedenken bei dem 1886 entstandenen Schriftzug.

Interessant wäre es vielleicht noch zu erfahren, wer als Erster und vor allem warum eine Coca-Cola-Flasche gegen den Spiegel hielt, um darauf nach einer verschlüsselten Botschaft zu suchen.

Illuminatenzahl auf der Marlboro

Legende: Auf der Marlboro-Schachtel ist die Illuminatenzahl versteckt

Zigarettenschachteln haben es Verschwörungstheoretikern offensichtlich angetan. Überall auf ihnen wittern sie geheime Codes oder versteckte Anspielungen, und auch die Marlboro hat es erwischt. Auf der Umhüllung soll nämlich die Geheimzahl der Illuminaten, die 23, versteckt sein. Dazu müsste eigentlich erst einmal geklärt werden, ob es den Geheimbund überhaupt gibt oder jemals gab. Aber das sparen wir uns einmal und kommen lieber gleich zur Sache.

Wenn man die Buchstaben des Alphabets abzählt und für «Marlboro» jeweils den entsprechenden Zahlenwert einsetzt (M = 13, A = 1, R = 18, L = 12, B = 2, O = 15, R = 18, O = 15), ergibt das 94, und davon die Quersumme ist 13. Das ist noch nicht weiter spektakulär, aber ungefähr ein Zentimeter vor dem Filter soll oft (!) die Zahl 442 stehen, warum auch immer. Die Quersumme davon ist 10. Und – jetzt kommt's – beide Quersummen zusammen ergeben 23, die Zahl der Illuminaten.

Das ist natürlich nur eines der vielen lustigen Rechenspiele, wie sie in diesen Kreisen beliebt sind. Wie auch beim Anschlag auf das World Trade Center am 9. 11. 2001 (Quersumme 23), der deutschen Wiedervereinigung am 3. 10. 1990 (Quersumme 23) oder der Verabschiedung des Grundgesetzes im Jahr 1949 (Quersumme 23) – die deshalb alle nur Werke der Illuminaten sein können. Bei der Ernte 23, die auch lange mit dem Geheimbund in Verbindung gebracht wurde, war die Sache einfacher: Da stand die 23 gleich unverschlüsselt auf der Verpackung. Das verstand jeder. Aber Rauchen ist ja sowieso ungesund.

Fanta und die Nazis

Legende: Die Entwicklung von Fanta wurde von den Nazis in Auftrag gegeben, weil in den Kriegsjahren keine Coca-Cola hergestellt werden konnte

Die Legende gibt es in verschiedenen Ausführungen: Einmal wird behauptet, Coca-Cola hätte mit den Nazis kooperiert, damit die Firma während des Zweiten Weltkriegs in Deutschland Geschäfte machen konnte. Deshalb brachte der Brausebrauer im Dritten Reich eine leicht veränderte Coca-Cola unter dem Namen Fanta heraus. Eine andere Lesart: Weil in Deutschland seit dem Kriegsausbruch keine Soft-Drinks mehr lieferbar waren, man aber etwas Sprudelndes zu trinken brauchte, entwickelte Coca-Cola im Auftrag der Nazis ein Getränk namens Fanta.

Dass Fanta nur eine Coca-Cola unter anderem Namen war, stimmt natürlich nicht. Fanta wurde 1940 von dem Chefchemiker der deutschen Coca-Cola-Niederlassung in Essen, Dr. Schetelig, als Ersatzprodukt für die nicht mehr lieferbare Coca-Cola zunächst auf Molkebasis entwickelt. Und das hatte ganz einfach den Grund, dass die Hauptbestandteile des Coca-Cola-Sirups in Deutschland nicht mehr zu bekommen waren, aber die deutsche Niederlassung weiter Geschäfte machen wollte und deshalb nach einem Ersatzprodukt suchte. Richtig an der Legende ist also, dass Fanta tatsächlich anfangs nur in Nazi-Deutschland hergestellt wurde, aber am Rest ist nichts dran.

Als der Krieg ausbrach, war die deutsche Coca-Cola-Dependance die erfolgreichste nach den USA. Jahr für Jahr wurde ein Verkaufsrekord nach dem anderen aufgestellt, und 1939 hatte die Firma bereits 43 Abfüllstationen und mehr als 600 lokale Großhändler in Deutschland. Nach Kriegsausbruch riss der Kontakt zu den USA ab, und die Geschäfte konnten nicht fortgeführt werden, weil wie gesagt die Hauptbestandteile des Coca-Cola-Sirups fehlten. Schon ein Jahr zuvor starb der Leiter der deutschen Dependance, der Amerikaner Ray Powers, nach einem Autounfall, und seine rechte Hand, der in Deutschland geborene Max Keith, übernahm die Geschäftsleitung. Der ließ den neuen Soft-Drink entwickeln, und der Name soll entstanden sein, als Keith seine Mitarbeiter aufforderte, ihrer Phantasie freien Lauf zu lassen, und der Verkäufer Joe Knipp sofort «Fanta» ausgerufen haben soll. Alternativ wurde angeblich auch die Bezeichnung «Cappy» von dem belgischen Coca-Cola-Chef Carl West ins Gespräch gebracht.

Zwischen 1942 und 1949 wurde die Produktion von Coca-Cola in Deutschland vollständig eingestellt und komplett durch Fanta ersetzt. Das Getränk verkaufte sich gut genug, um die Anlagen weiter laufen zu lassen, und 1943 setzte Keith insgesamt mehr als drei Millionen Kisten ab. Aber nicht alle wurden getrunken, viele wurden auch dazu benutzt, Suppen und Eintöpfe zu würzen. Weil Zucker rationiert war, mussten die Hausfrauen erfinderisch sein.

Bis zum Ende des Krieges hatte die Firmenzentrale in Atlanta aber keine Ahnung, für wen Keith in Wirklichkeit arbeitete, weil keine Kommunikation möglich war. Keith war aber nie ein Nazi gewesen oder hatte für die Nazis gearbeitet, sondern versuchte einfach nur, das Geschäft während der Kriegsjahre aufrecht und seine Leute in Lohn und Brot zu halten. Nach Kriegsende übergab er alle Gewinne und Anlagen sowie den neuen Soft-Drink wieder an das Mutterunternehmen.

Seit Oktober 1949 liefen dann sechs Coca-Cola-Fabriken wieder auf vollen Touren: in Essen, Hamburg, Frankfurt, Kassel, Stuttgart und Nürnberg. Mit den ersten Flaschen holten die Wirtschaften und Erfrischungsbuden auch ihre verrosteten Reklameschilder wieder aus dem Keller und polierten die Glamour-Girls auf Hochglanz. Fanta war also die Erfindung eines deutschen Coca-Cola-

Manns, der in den Kriegsjahren ohne Anweisung aus Atlanta arbeitete. Heute wird Fanta in beinahe 200 Ländern weltweit verkauft.

Zu der Legende beigetragen hat aber sicherlich ein Ereignis aus dem Jahr 1936. Damals geriet das Unternehmen in den Vereinigten Staaten in Schwierigkeiten, weil Karl Flach, der Chef von Afri-Cola in Köln, aus reichlich durchsichtigen Gründen behauptet hatte, Coca-Cola sei ein jüdisches Unternehmen. Die Amerikaner reagierten anbiedernd mit einer Anzeige in der Zeitung «Der Stürmer», um ihren Ruf in Deutschland wiederherzustellen. Aber wegen dieser Anzeige schrieben einige US-amerikanische Zeitungen «Coca-Cola finanziert Hitler», und seit dieser Zeit kursieren immer wieder Gerüchte, Coca-Cola habe mit den Nazis kooperiert.

Satanische Symbole auf dem Procter-&-Gamble-Logo

Legende: In dem früheren Logo von Procter & Gamble waren satanische Symbole versteckt

Ein Greis mit gelocktem Haar und ein Himmel mit 13 Sternen waren bis Mitte der achtziger Jahre das Markenzeichen des Konsumgüterriesen Procter & Gamble. Das Signet zierte seit mehr als 100 Jahren jedes Produkt der Firma, und niemand hatte daran etwas auszusetzen, bis es in den siebziger Jahren in Verruf kam, weil in ihm angeblich satanische Symbole eingearbeitet waren. Da war natürlich nichts dran, aber die Gerüchte schadeten dem Ruf von Procter & Gamble im puritanischen Amerika so sehr, dass der Konzern 1985 sein angestammtes Logo aufgeben und durch einen biederen Schriftzug ersetzen musste. Bei Procter & Gamble liefen damals monatlich rund 15 000 Anrufe von Menschen ein, welche die Schauergeschichte für bare Münze nahmen. Was, einmal ganz grob überschlagen, bei einem normalen Arbeitstag von acht Stunden beinahe einem Anrufer in der Minute entsprach.

Aber worauf fußte die Anklage? Das «Mann-im-Mond-Zeichen» entstand gegen Mitte des 19. Jahrhunderts und zeigte 13 Sterne. Die symbolisierten ganz heimatverbunden die damaligen US-Bundesstaaten, was später anders ausgelegt wurde. Geschickt verbunden sollten sie nämlich die 666 zeigen, und das ist ja laut der Apokalypse des Johannes-Evangeliums der Name des Tieres und symbolisiert das Böse. Und damit nicht genug: Der Greis, hieß es weiter, sei in Wirklichkeit ein Widder, eine tierische Verkörperung des Teufels. Was an den gedrehten Locken am Ende des Bartes und auf dem Kopf unschwer zu erkennen sei, die zwar der damaligen Mode entsprachen, aber auch ohne allzu viel Phantasie als zwei Hörner interpretiert werden können.

Bis hierhin könnte man die Geschichte noch unter Hirngespinste einiger Spinner abtun, aber in den achtziger Jahren begann sie auszuufern und die Kunden die Produkte zu boykottieren. Selbst Gutachten von Kirchenvertretern aller Konfessionen, die das Markenzeichen als unbedenklich einstuften, halfen nicht. Im April 1985, nach einem vierjährigen Kleinkrieg, entschied das Unternehmen, sein Logo von allen Produkten zu entfernen. Später kam dann heraus, dass eine nebulöse religiöse Sekte im Süden der Vereinigten Staaten die Nachreden losgetreten hatte, deren Führer sich für Experten in der Entschlüsselung geheimer Zeichen hielten.

Der Ärger nahm aber noch kein Ende. Einige Jahre später, am 1. März 1994, soll der damalige Präsident von Procter & Gamble in der in den USA sehr bekannten «Phil Donahue Show» aufgetreten sein und dort Ungeheuerliches von sich gegeben haben. Er sei ein Satanist und Mitglied der «Church of Satan» und seine Firma finanziere diese Kirche. Als er vom Moderator gefragt wurde, ob er keine Angst habe, dass diese Erklärung sein Geschäft störe, soll er geantwortet haben: «Es gibt nicht genug Christen in den USA, um einen Unterschied herbeizuführen.»

Ein solcher Auftritt hat aber nie stattgefunden. Was auch 1995 Phil Donahue in einem Schreiben bestätigte, woraufhin der Auftritt einfach in eine andere Talkshow verlegt wurde, die von Geraldo Rivera. Später dann in die Sendung «Jenny Jones Show» und so weiter. 1999 wurde schließlich behauptet, ein Vertreter von Procter & Gamble sei am 1. März 1998 in der «Sally Jesse Raphael Show» aufgetreten und habe dort erneut erklärt, ein Teil der Erlöse der Firma ginge an die Kirche des Satans. Der 1. März 1998 war aber ein Sonntag, und die Show wurde nie an einem Sonntag ausgestrahlt. Was die Anhänger der Verschwörungstheorie nicht weiter irritierte, der Sendetermin wurde einfach auf den 19. Juli 1999 verlegt, einen Montag. Aber auch dieser Auftritt hatte nie stattgefunden, wie die Moderatorin bestätigte.

Später kam dann heraus, dass der Konkurrent «Amway» seine Finger im Spiel hatte und geschickt die Gerüchte entweder gestreut oder zumindest unterstützt hat, um Procter & Gamble in die Nähe eines Satanskults zu rücken. Wie die Kopie einer Nachricht auf einem Anrufbeantworter bewies, in der es um den Auftritt in der «Phil Donahue Show» von 1994 ging. Procter & Gamble führte eine Reihe von Prozessen gegen Amway, die 2007 mit einer Verurteilung endeten. Vier Amway-Händler mussten insgesamt 19,25 Millionen Dollar Strafe zahlen. Ähnliche Gerüchte gab es auch das Waschmittel Ariel und die Fast-Food-Kette McDonald's, doch deren Urheber wurden nie identifiziert.

Register

Colgate: Colgate brachte in Frankreich eine Zahnpasta heraus, die wie ein bekanntes Pornomagazin hieß **S. 117**

Dash: Procter & Gamble hat in Anzeigen 1 Kilo Dash gegen 2 Kilo eines anderen Waschmittels zum Tausch angeboten, aber als jemand die Wette annahm, nicht rausgerückt **S. 53**

Der todsichere Kartoffellaus-Vernichter: Ein Schwindler hat den Amerikanern in den dreißiger Jahren zwei Stück Holz als «todsicheren Kartoffellaus-Vernichter» angedreht, und die kauften wie wild **S. 97**

Electrolux: Electrolux übernahm den englischen Slogan «Nothing sucks like an Electrolux» für den US-Markt. Dort bedeutet der Spruch jedoch «Nichts ist so schlecht wie ein Electrolux» **S. 17**

Fanta: Die Entwicklung von Fanta wurde von den Nazis in Auftrag gegeben, weil in den Kriegsjahren keine Coca-Cola hergestellt werden konnte **S. 176**

Feldmühle: Der Name eines Toilettenpapiers von Feldmühle musste dreimal geändert werden, weil es Ärger mit der katholischen Kirche gab **S. 124**

Fiat: Als Fiat in Spanien Werbebriefe in Form von Liebesbriefen verschickte, dachten viele der angeschriebenen Frauen, ein Psychopath verfolge sie **S. 58**

Ford Pinto: Der Ford Pinto kam in Brasilien nicht gut an, weil «Pinto» im Portugiesischen «kleiner Penis» bedeutet, und musste in «Corcel» umbenannt werden **S. 66**

Frank Perdue: Der Hühnchenbrater Frank Perdue hat den Slogan «Es braucht einen starken Mann, um ein zartes Huhn zuzubereiten» in Mexiko mit «Es braucht einen harten Mann, um ein Huhn verliebt zu machen» übersetzt **S. 21**

Gerber-Baby: Humphrey Bogart war das Gerber-Baby **S. 90**

Gilbey's Gin: In einer Anzeige für Gilbey's Gin ist auf den Eiswürfeln das Wort «Sex» zu erkennen **S. 107**

Gleichzeitige Werbung: Die Werbung läuft auf allen Programmen immer gleichzeitig, damit die Zuschauer nicht wegzappen **S. 151**

Gucci: Ein Hochstapler hat sich in eine Gucci-Anzeige gemogelt, und niemand hat es bemerkt **S. 46**

Guinness: Guinness verkaufte sich in Hongkong schlecht, weil das starke Bier dort als ein Frauengetränk und Stärkungsmittel in der Schwangerschaft gilt **S. 139**

Haribo-Slogan: Hans Riegel erwarb den berühmten Haribo-Slogan «Haribo macht Kinder froh» für 50 Reichsmark von einem vorbeiziehenden Vertreter **S. 79**

Hertha BSC Berlin: In einer Anlegerbroschüre warb Hertha BSC versehentlich mit Schalke-Fans **S. 36**

Hoover: Hoover musste wegen einer misslungenen Werbeaktion Freiflüge für 100 Millionen Dollar spendieren **S. 49**

Japanischer Großhändler: Eine chinesische Firma hat Toilettenpapier unter dem Namen «Meine Muschi-Marke» verkauft S. 128

Josef Ertl: Landwirtschaftsminister Josef Ertl wurde in einer kanadischen Anzeige als Superlover Gord Masters vorgestellt S. 37

Kentucky Fried Chicken: Kentucky Fried Chicken übersetzte den Slogan «It's Finger Lickin' Good» ins Chinesische wie «Iss deine Finger auf» S. 28

Kinki Nippon Tourist Company: Ein japanischer Reiseveranstalter bekam in England viele Anfragen nach Sexreisen, weil der Name für die Briten wie «Abartige japanische Reiseagentur» klang S. 118

Lautstärke in den Werbepausen: Die Fernsehsender drehen in den Werbepausen den Ton lauter S. 148

Locum: Die schwedische Firma Locum hat in einer Anzeige ihren Namen versehentlich geschrieben wie «I love cum» S. 46

Lucky-Strike-Indianerkopf: Der Indianerkopf auf der Lucky-Strike-Schachtel zeigt ein brennendes Haus S. 168

Lucky-Strike-Logo: Das Lucky-Strike-Logo symbolisiert den Sieg der USA über Japan im Zweiten Weltkrieg S. 166

Lufthansa: Die Lufthansa hat Kunden in einer Neujahrskarte einen «glücklichen neuen After» gewünscht S. 31

Marlboro: Die Marlboro war vor dem Marlboro-Cowboy eine «leichte Damenzigarette» und sollte eigentlich wegen Erfolglosigkeit eingestellt werden **S. 74**

Marlboro-Cowboy: Der Marlboro-Cowboy starb an Lungenkrebs **S. 95**

Marlboro-Cowboy in Hongkong: Der Marlboro-Cowboy kam in Hongkong nicht an, weil er für einen armen Schlucker gehalten wurde **S. 138**

Marlboro-Schachtel: Auf der Marlboro-Schachtel ist die Illuminatenzahl versteckt **S. 175**

McDonald's-Farbkombination: Die Farbkombination von McDonald's soll Kunden dazu bringen, das Restaurant schnell wieder zu verlassen **S. 158**

Microsoft: Das Windows-Betriebssystem «Vista» heißt im Lettischen «Hühnchen» oder «alte Jungfer» **S. 119**

Milky Way: Was in Europa «Mars» heißt, ist in den USA «Milky Way», und «Milky Way» ist dort ein Riegel mit dem Namen «3 Musketeers» **S. 126**

Mitsubishi Pajero: Der Mitsubishi Pajero wurde in Spanien zur Lachnummer, weil ein «Pajero» im Spanischen ein «Wichser» ist **S. 60**

Mitsubishi Starion: Der Mitsubishi Starion sollte eigentlich «Stallion» wie «Hengst» heißen, aber weil die Japaner kein «r» sprechen können, dachten die Amerikaner, sie meinten «Stallion» S. 65

Mochida Health Care Company: Eine japanische Firma hat ein Babypuder unter dem Markennamen «Enthäute ein Baby» verkauft S. 123

Motivforschung: Der bekannte Motivforscher Ernest Dichter will herausgefunden haben, dass der Wagen mit Schiebedach für Männer ein Kompromiss zwischen Geliebter und Ehefrau ist S. 156

Nescafé: Nescafé klingt im Spanischen wie «No es café» («Das ist kein Kaffee») und musste deshalb geändert werden S. 120

Nike-Logo: Nike musste Laufschuhe vom Markt nehmen, weil das Logo wie die Schriftzeichen für Allah aussah S. 145

Nike-Spot: In einem Nike-Spot sagte ein Samburu-Krieger «Ich will diese Schuhe nicht» anstelle des Slogans «Just do it», und niemand hat es gemerkt S. 41

Office of Government Commerce: Das Logo des «Office of Government Commerce» sah gedreht aus wie ein Mann mit einer Riesenerektion S. 44

Omo: Omo wurde die Werbung mit dem Omo-Knoten gerichtlich untersagt, weil im Spot geschummelt wurde S. 52

Pampers: Pampers-Windeln verkauften sich in Japan nicht gut, weil die Japaner den Storch für einen Unglücksvogel halten S. 141

Papst-T-Shirts: Als der Papst Miami besuchte, druckte ein Händler T-Shirts mit dem Aufdruck «Ich habe die Kartoffel gesehen» anstelle von «Papst gesehen» S. 33

Parker Pen: Der Werbespruch «Er wird nicht in Ihre Tasche tropfen und Sie blamieren» für einen Füller von Parker Pen klang im Spanischen wie «Er wird nicht in Ihre Tasche tropfen und Sie schwängern» S. 19

Pepsi-Cool-Cans: In den «Cool Cans» von Pepsi war das Wort «Sex» zu erkennen, ohne dass Pepsi dies vorher bemerkt hatte S. 111

Pepsi-Slogan: Der Pepsi-Slogan «Come Alive With The Pepsi Generation» klang für die Chinesen wie «Pepsi lässt Ihre Vorfahren von den Toten auferstehen» S. 22

Pepsi-Test: Beim Pepsi-Test kann man seine Lieblings-Cola am Geschmack erkennen S. 92

Pepsodent: Pepsodent verkaufte sich in Südostasien nicht gut, weil dort schwarze Zähne als Schönheitssymbol gelten S. 136

Piemontkirschen: Piemontkirschen kommen aus dem Piemont S. 159

Probiotische Joghurts: Probiotische Joghurts stärken die Abwehrkräfte S. 160

Procter & Gamble: In dem früheren Logo von Procter & Gamble waren satanische Symbole versteckt **S. 178**

Progress: Die Firma Progress versuchte, Bewerbern in Absageschreiben einen Staubsauger zu verkaufen **S. 59**

Promi-Werbung: Werbung mit Prominenten macht die Prominenten bekannt, aber nicht das Produkt **S. 152**

Rats-Spot: Die Republikaner setzten im US-Wahlkampf 2000 in einem Werbespot eine unterschwellige Werbebotschaft gegen Vizepräsident Al Gore ein **S. 110**

Rechtsdrehende Bakterienkulturen: Rechtsdrehende Bakterienkulturen im Joghurt sind gesünder als linksdrehende **S. 162**

Ritz Cracker: Auf Ritz Crackern ist auf jeder Seite zwölfmal das Wort «Sex» versteckt **S. 105**

Ronald McDonald: Ronald McDonald ist die bekannteste Figur der Welt nach dem Weihnachtsmann **S. 87**

Ronald McDonald in Japan: Der Clown Ronald McDonald war in Japan nicht erfolgreich, weil ein weiß geschminktes Gesicht in Japan ein Zeichen für den Tod ist **S. 130**

Saturn: Der Saturn-Slogan «Geiz ist geil» klingt im Spanischen wie «Geiz verdirbt mich» **S. 32**

Schneidergeschäft in Jordanien: Ein Schneidergeschäft in Jordanien hat damit geworben, dass «Kunden in strikter Reihenfolge exekutiert werden» S. 34

Scott Paper Company: Um Toilettenpapier zu verkaufen, hat eine Agentur die Toilettenpapierkrankheit erfunden S. 82

Sears: In einem Versandhaus-Katalog von Sears schaute bei einem Model das Geschlechtsteil aus den Boxershorts heraus S. 40

Sex sells: Sex sells S. 146

Sharwoods: Die Firma Sharwoods brachte indische Soßen auf den Markt, deren Name wie ein indisches Wort für «Arsch» klang S. 122

Siemens: In den chinesischen Namen von Siemens hat der Dolmetscher eine versteckte Beleidigung eingeschmuggelt S. 171

Silo: Silo musste 11 000 Bananen in Zahlung nehmen, weil die Firma in Fernsehspots spaßeshalber Stereoanlagen für 299 Bananen angeboten hatte S. 48

Smart Forfour: Der Smart Forfour klingt für Italiener wie das italienische Wort für «Schuppen» S. 69

Tchibo: Tchibo klingt ähnlich wie das japanische Wort für «Tod» S. 121

Toyota in China: Toyota bekam in China Ärger, weil in einem Spot ein steinerner Löwe einem Auto salutierte S. 140

Toyota MR2: Die Abkürzung MR2 von Toyota klingt wie das französische Wort für «Scheißer» **S. 62**

Unbekannter Babynahrungskonzern: Der Versuch, Babynahrung in Afrika zu verkaufen, ging daneben, weil die Einheimischen dachten, in den Gläsern sei Babyfleisch **S. 134**

Unbekannter Waschmittelhersteller: Ein Waschmittelhersteller schaltete in Saudi-Arabien eine Anzeige, bei der auf dem linken Bild ein Berg schmutziger und rechts die saubere Wäsche abgebildet war. Weil die Araber aber von rechts nach links lesen, sah es für sie so aus, als sei die Wäsche hinterher schmutziger als vorher **S. 132**

Unterschwellige Werbebotschaften: Bei einem Versuch in den USA wurden in einem Kinofilm unterbewusst wirkende Werbebotschaften versteckt, die den Cola- und Popcorn-Umsatz rapide ansteigen ließen **S. 101**

Unterschwellige Werbung: Mit unterschwelliger Werbung können Käufer beeinflusst werden **S. 153**

Viagra: Der Name der Potenzpille Viagra lautet im Chinesischen «Gast, der unzählige Mal Liebe macht» **S. 115**

Vodafone: Vodafone wurde eine Geldstrafe aufgebrummt, weil die Firma bei einem Rugbyspiel in Australien einen Flitzer aufs Feld geschickt hat **S. 55**

Volkswagen: VW bekam Ärger mit BMW-Fahrern, weil in einer Anzeige ein BMW von einem Käfer abgeschleppt wurde **S. 38**

VW Jetta: Der VW Jetta bekam in Italien einen neuen Namen, weil er wie «Iella», die Pechsträhne, aussieht S. 68

VW Käfer: Der berühmte VW-Käfer-Slogan «Er läuft und läuft und läuft ...» wurde nur ein einziges Mal in einer Anzeige benutzt S. 80

Zahnhärter Fluor: Fluor macht die Zähne härter S. 163